继电保护
技师评价实务操作手册

国网山东省电力公司 编

汕頭大學出版社

图书在版编目（CIP）数据

继电保护技师评价实务操作手册 / 国网山东省电力公司编． -- 汕头：汕头大学出版社，2023.5
　　ISBN 978-7-5658-5020-2

Ⅰ．①继… Ⅱ．①国… Ⅲ．①继电保护－职业技能－鉴定－教材 Ⅳ．①TM77

中国国家版本馆CIP数据核字（2023）第093559号

继电保护技师评价实务操作手册
JIDIAN BAOHU JISHI PINGJIA SHIWU CAOZUO SHOUCE

编　　者：	国网山东省电力公司
责任编辑：	邹　峰
责任技编：	黄东生
封面设计：	优盛文化
出版发行：	汕头大学出版社
	广东省汕头市大学路243号汕头大学校园内　邮政编码：515063
电　　话：	0754-82904613
印　　刷：	河北万卷印刷有限公司
开　　本：	787mm×1092mm　1/16
印　　张：	12.5
字　　数：	220千字
版　　次：	2023年5月第1版
印　　次：	2023年6月第1次印刷
定　　价：	78.00元

ISBN 978-7-5658-5020-2

版权所有，翻版必究

如发现印装质量问题，请与承印厂联系退换

编 写 组

主　编　郭万平
副主编　刘海鹏　王　鑫　曹怀龙
成　员　周立栋　王明林　卢晓惠　许加凯　谭金石
　　　　李　进　王　宁　马亚琦　刘贯红　王　丽
　　　　解会峰　李双磊　王思城　宋战慧　唐　敏
　　　　陈永林　宗传帅　张耀东　康　健　王洪敏
　　　　庞振国　史普帅　孙慧新　王　旭　徐　伟
　　　　廖承民　徐金海　林金涛　张建浩　田春波
　　　　李文波　刘西红　郭　玲　刘振光　王　静
　　　　田　力　梁　晶

前言 preface

　　本教材是由国网山东省电力公司潍坊供电公司编订的继电保护专业技师技能等级评价配套的学习教材。本教材共分两章，主要内容包括继电保护技能等级评价方法、继电保护技师评价学习要点。本教材基本按照现场继电保护调试的作业流程以及继电保护专业技师技能等级评价标准和要求编写，具有较强的实用性和可操作性。同时，本教材内容由浅入深，便于不同层次的技术人员学习。本教材适合从事继电保护运维的技术人员、管理人员参考、使用，适合继电保护高级工、技师等参加技能等级认证的技术人员使用，可作为考试教材和指导用书，还可作为继电保护培训中心现场实操教材。

目录 contents

第一章 继电保护技能等级评价方法 …………………………………… 001
    第一节 技能等级评价概述 ……………………………………… 001
    第二节 继电保护技师等级评价 ………………………………… 041

第二章 继电保护技师评价学习要点 …………………………………… 061
    第一节 客观题 …………………………………………………… 061
    第二节 主观题 …………………………………………………… 105
    第三节 面试答辩题 ……………………………………………… 121
    第四节 技能实操题 ……………………………………………… 123

    参考答案 ………………………………………………………… 163

第一章　继电保护技能等级评价方法

本章简要阐述国家电网有限公司（以下简称"公司"）技能等级评价的定义、技能等级评价制度背景、技能等级认证评价方法的发展、技能等级评价的意义、技能等级评价工种目录、技能等级评价等级范围、技能等级评价工作规范、技能等级评价实施流程与方法等内容，阐述继电保护技师等级评价的评价标准和评价方式，在宏观上对公司技能等级评价和继电保护技师等级评价工作思路进行初步探索，结合公司实践进行简要论述，为各位电网工作人员提供参考。

第一节　技能等级评价概述

一、技能等级评价的定义

技能等级评价是指公司统一评价技能工种目录、标准、题库和规则，突出品德、能力和业绩导向，建立多维度、多元化、多方式评价机制，客观评价职工能力素质。

技能等级评价主要依据岗位核心工作任务确定评价标准。核心工作是指本岗位主要的、必须完成的、能够定性或定量考核的、能够执行或操作的任务或事项，是对岗位工作质量和绩效具有决定性意义的非辅助性工作。

二、技能等级评价制度背景

2019年以前，企业对技能人员的评价使用的是国家职业技能鉴定体系，技能鉴定标准由国家、行业制定。

随着企业迅速发展，技术、设备不断更新，劳动组织模式变革，以及生产业务大量外包，员工实际岗位工作内容与国家标准的差异逐渐变大，使得国家制定的技能鉴定标准很难成为为某个企业"量身打造"的标准。

2018年，国家明确企业可自行构建能力认证体系。国家电网有限公司于2019

年启动技能等级评价工作，落实国家职业资格改革各项要求，坚持"放管结合、分级评价"的原则，发布《国家电网有限公司技能等级评价管理办法》，建立技能等级评价总体框架。2019年起，技能等级评价全面取代技能鉴定。

三、技能等级认证评价方法的发展

2017年，中共中央、国务院印发了《新时期产业工人队伍建设改革方案》，要把产业工人队伍建设作为实施科教兴国战略、人才强国战略、创新驱动发展战略的重要支撑和基础保障，纳入国家和地方经济社会发展规划，造就一支有理想守信念、懂技术会创新、敢担当讲奉献的宏大的产业工人队伍。该方案首次提出，"改进产业工人技能评价方式，优化职业技能等级标准，完善职业技能等级认定政策引导和支持企业、行业组织和社会组织自主开展技能评价"。

2017年9月，人力资源和社会保障部印发《人力资源社会保障部关于公布国家职业资格目录的通知》，该通知大幅削减国家职业资格数量，其中电网类仅剩4项。行业协会、学会等社会组织和企事业单位依据市场需要自行开展能力水平评价活动。

2018年2月，中共中央办公厅、国务院办公厅印发《关于分类推进人才评价机制改革的指导意见》，提出"加快构建国家职业标准、行业企业工种岗位要求、专项职业能力考核规范等多层次职业标准。完善职业资格评价、职业技能等级认定、专项职业能力考核等多元化评价方式，做好评价结果有机衔接"。

2018年5月，《国务院关于推行终身职业技能培训制度的意见》发布。该文件指出，"以政府补贴培训、企业自主培训、市场化培训为主要供给，以公共实训机构、职业院校、职业培训机构和行业企业为主要载体，以就业技能培训、岗位技能提升培训和创业创新培训为主要形式，构建资源充足、布局合理、结构优化、载体多元、方式科学的培训组织实施体系"，"完善职业资格评价、职业技能等级认定、专项职业能力考核等多元化评价方式，促进评价结果有机衔接"。

2018年12月29日，《人力资源社会保障部办公厅关于开展职业技能等级认定试点工作的通知》发布，指出"我部拟依托企业等用人单位和第三方评价机构开展职业技能等级认定试点工作"，"公开征集第三方评价机构。第三方评价机构将面向社会公开征集，经评估论证、择优遴选公布后开展相关工作"，"对经规范认定、取得相应职业技能等级证书且证书信息可在我部职业技能鉴定中心全国联网查询系统上查询的人员，纳入人才统计范围，落实相关政策，兑现相应待遇"。按相关规定，第三方评价机构考核评价合格，颁发职业技能等级证书。职业技能等级认定的五级（初级）、四级（中级）、三级（高级）、二级（技师）、一级（高级技师）分别对应国家职业资格的相应等级。对经认定、取得相应职业技能等级证书且证书信息可在人力资源和社会保障部职业技能鉴定中心全国联网查询系统上查询的人员，纳入人才统计范围。对于入库人员符合条件的，按规定落实职业培训、职业技能鉴定补贴等政策，兑现相应待遇。这些人可参评、申报高技能人才评选表彰和高技能人才建设项目等。职业技能等级证书是从业者从事相应职业（工种）的技能等级评价的凭证，并作为境内外就业、对外劳务合作人员办理技能水平公证的有效证件，是从业者就业上岗、用人单位招收录用人员及员工晋级的主要依据，在境内外通用。

2018年12月29日，受人力资源和社会保障部委托，人力资源和社会保障部职业技能鉴定中心（中国就业培训技术指导中心）发布《关于征集第三方评价机构的通知》，该通知指出"结合当前人力资源市场对技能人才需求，面向社会公开征集第三方评价机构，开展职业技能等级认定试点"。

2019年4月，人力资源和社会保障部职业技能鉴定中心印发《关于印发〈职业技能等级证书编码规则（试行）〉和〈职业技能等级证书参考样式〉的通知》，该通知指出"本证书格式仅供参考，评价机构可在保留上述内容信息的基础上自行确定证书内容信息"，"评价机构名称、印章应与人力资源社会保障部门备案公布的名称一致。评价机构印章可使用本机构人事劳动保障工作机构代章"。

2019年8月，《人力资源社会保障部关于改革完善技能人才评价制度的意见》发布。该文件指出："深化技能人员职业资格制度改革。巩固职业资格改革成果，完善国家职业资格目录。对准入类职业资格，继续保留在国家职业资格目录内。对关系公共利益或涉及国家安全、公共安全、人身健康、生命财产安全的水平评价类职业资格，要依法依规转为准入类职业资格。对与国家安全、公共安全、人身健康、生命财产安全关系不密切的水平评价类职业资格，要逐步调整退出目录，对其中社会通用性强、专业性强、技术技能要求高的职业（工种），可根据经济社会发展需要，实行职业技能等级认定。""建立职业技能等级制度。建立并推行职业技能等级制度，由用人单位和社会培训评价组织按照有关规定开展职业技能等级认定。符合条件的用人单位可结合实际面向本单位职工自主开展，符合条件的用人单位按规定面向本单位以外人员提供职业技能等级认定服务。符合条件的社会培训评价组织可根据市场和就业需要，面向全体劳动者开展。职业技能等级认定要坚持客观、公正、科学、规范的原则，认定结果要经得起市场检验、为社会广泛认可。""加快政府职能转变。加大技能人才评价工作改革力度，进一步明确政府、市场、用人单位、社会组织等在人才评价中的职能定位，建立权责清晰、管理科学、协调高效的人才评价管理体制。改进政府人才评价宏观管理、政策法规制定、公共服务、监督保障等工作。推进人力资源社会保障部门所属职业技能鉴定中心职能调整，逐步退出具体认定工作，转向加强质量监督、提供公共服务等工作。鼓励支持社会组织、市场机构以及企业、院校等作为社会培训评价组织，提供技能评价服务。"

2019年12月30日，李克强主持召开国务院常务会议，决定分步取消水平评价类技能人员职业资格，推行社会化职业技能等级认定。

2019年12月31日，人力资源和社会保障部中国就业培训技术指导中心发布《关于发布首批职业技能等级认定第三方评价机构名单的通知》，该通知指出："经自主申报、专家评估、信用核查、注册地人力资源社会保障部门实地考核及征求社会各方面意见等程序，北京市成人按摩职业技能培训学校等11家机构已通过备案，备案期限三年，有关事项以协议形式予以约定。上述11家机构应按我部有关规定和要求，自即日起与注册地人力资源社会保障部门对接，先行在注册地开展试点工作。""各地人力资源社会保障部门要积极支持首批通过备案的职业技能等级认定第三方机构开展评价试点工作……有序推进职业技能等级认定第三方评价试点工作。"

2020年1月2日，国务院新闻办公室举行国务院政策例行吹风会，邀请汤涛、张立新介绍有关情况，并答记者问。汤涛介绍道："分步取消技能人员水平评价类职业资格是对职业资格制度改革的进一步深化。改革总体思路为，对技能人员准入类职业资格，继续实行职业资格目录管理；对技能人员水平评价类职业资格，按照先立后破、一进一退的原则分步取消，并推行职业技能等级制度。根据安排，1月将开展首批职业资格转为职业技能等级认定试点工作，包括家政服务员、养老护理员等17个职业（工种）。2月将开展第二批试点，在车工、钳工、铣工、眼镜验光员等职业（工种）开展职业技能等级认定试点。第三批职业资格的转化工作将在7月开展。最终，在2020年底前，要将技能人员水平评价类职业资格全部转为职业技能等级认定。"张立新说："将技能人员水平评价职业资格由政府认定改为实行社会化等级认定，接受市场和社会认可与检验，将有利于形成以市场为导向的技能人才培养使用机制，有利于破除对技能人才成长和弘扬工匠精神的制约，促进产业升级和高质量发展。"

四、技能等级评价的意义

技能等级评价是多元化技能人才评价体系的重要一环,其最大作用是以技能等级评价为抓手,以专业培训为支撑,在"能力付薪"机制的牵引下,实现员工自我提升,促进员工从"要我学"到"我要学"的转变,进而为公司打造一支结构优化、素质优良的技能员工队伍。

技能等级评价与职业技能鉴定相比,在技能岗位覆盖上更加全面,在标准内容上更加贴合岗位实际,并能及时更新标准内容,评价结果可广泛应用于薪酬调整、人才选拔、职务聘用。同时,职业技能等级证书信息可在人力资源和社会保障部职业技能鉴定中心全国联网查询系统上查询。经规范认定、取得职业技能等级证书且证书信息可在人力资源和社会保障部职业技能鉴定中心全国联网查询系统上查询的人员,可享受当地政府部门的相关技能惠民政策。

五、技能等级评价工种目录

国家依据《中华人民共和国职业分类大典》对职业(工种)进行命名、定义。为保证国网、省公司技能等级评价全面接入人社部门的职业技能等级认定,国网、省公司技能等级评价的工种根据工种定义与《中华人民共和国职业分类大典》的职业(工种)进行对应。

国家电网有限公司现有评价工种60个,与《中华人民共和国职业分类大典》的39个职业对应。公司基于企业实际,根据国家电网有限公司、《中华人民共和国职业分类大典》工种,确定52个评价工种,覆盖生产、营销、调控、建设等各生产技能岗位(表1-1)。

表1-1 52个评价工种

序号	评价专业	评价工种
1	电网调控运行	电力调度员(主网)
2		电网监控值班员
3		电力调度员(配网)
4		电网调度自动化维护员

续 表

序号	评价专业	评价工种
5	输电运检	送电线路工
6		电力电缆安装运维工（输电）
7		高压线路带电检修工（输电）
8		无人机巡检工
9	变电运检	变配电运行值班员
10		电气试验工
11		继电保护员
12		电网调度自动化厂站端调试检修工
13		变电设备检修工
14		换流站值班员
15		换流站直流设备检修工（一次）
16		换流站直流设备检修工（二次）
17		带电检测工
18	配电运检	配电线路工
19		电力电缆安装运维工（配电）
20		高压线路带电检修工（配电）
21		配电运营指挥员
22		配网自动化运维工

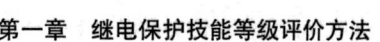

续 表

序号	评价专业	评价工种
23	电力营销	用电客户受理员
24		用电监察员
25		抄表核算收费员
26		装表接电工
27		电能表修校工
28		电力负荷控制员
29		智能用电运营工
30		客户代表
31		农网配电营业工（台区经理）
32		农网配电营业工（综合柜员）
33	送变电施工	架空线路工
34		变电一次安装工
35		变电二次安装工
36		机具维护工
37		土建施工员
38	信息通信运维	通信运维检修工
39		通信工程建设工
40		信息运维检修工
41		信息工程建设工
42		信息调度监控员
43		信息通信客户服务代表
44		通信调度监控员
45		网络安全员

续表

序号	评价专业	评价工种
46	发电生产	集控值班员
47		发电厂运行值班员
48		水泵水轮机运检工
49	装备制造	变压器制造工
50	航空技能	航检作业员
51	生产辅助	物资仓储作业员
52		物资配送作业员

六、技能等级评价等级范围

各工种职业技能等级证书的等级范围也是按照《中华人民共和国职业分类大典》在相应的职业等级进行层次划分的，分为五级，从低到高依次为初级工、中级工、高级工、技师和高级技师。

七、技能等级评价工作规范

为贯彻落实公司"放管服"改革工作要求，进一步规范技师及其以下技能等级评价工作，确保评价质量，根据《国家电网有限公司技能等级评价管理办法》，制定本规范。

（一）工作原则

（1）坚持顶层设计。按照"统筹管理、分级评价"的要求，国网人资部整体规划、系统安排，各单位组织落实、具体施行，指导中心配合保障、做好支撑。

（2）坚持一体推进。按照"统一部署、统一方式、统一标准、统一流程"的要求，严控进度安排，分步稳妥实施，规范开展技师及其以下技能等级评价工作。

（3）坚持核准备案。技师及其以下技能等级评价实行核准备案制，各单位需向国网人资部书面申请评价权限，有效期三年。各单位同时向省（自治区、直辖市）人社部门备案。

（4）坚持全程监督。建立质量监控、考核评估、追溯追责机制，对不能正确行使评价权限、不能确保评价质量的单位，停止评价工作，取消评价资质。

（二）职责分工

国网人资部是公司技师及其以下技能等级评价工作的归口管理部门，主要职责如下：

（1）落实国家技能等级评价政策，构建公司技能等级评价体系，制定技能等级评价制度。

（2）统筹管理公司技师及其以下技能等级评价工作。

（3）建立公司技师及其以下技能等级评价职业（工种）目录、标准、题库以及技能等级评价管理信息系统。

（4）核准各单位技师及其以下技能等级评价权限。

（5）指导、检查、考核各单位技师及其以下技能等级评价工作。

省公司级单位人力资源部门是本单位技师及其以下技能等级评价工作的归口管理部门，主要职责如下：

（1）落实公司及所在省（自治区、直辖市）人社部门技能等级评价工作要求，构建本单位技能等级评价体系。

（2）定期向国网人资部申请技师及其以下技能等级评价权限，并向所在省（自治区、直辖市）人社部门备案。

（3）组织或授权技师及其以下技能等级评价，明确评价范围、申报条件、评价方式及内容。

（4）组织开展本单位技师及其以下技能等级评价题库、设备设施及评价队伍建设管理。

指导中心是公司技师及其以下技能等级评价工作的支撑保障机构，主要职责如下：

（1）落实公司技师及其以下技能等级评价相关规定，做好支撑服务。

（2）受托开展技师及其以下技能等级评价工作。

（3）协助检查各单位技师及其以下技能等级评价质量。

（4）运维公司技能等级评价管理信息系统，指导各单位信息接入和数据贯通。

（5）汇总审核并向人力资源和社会保障部报送评价数据，印制、发放证书。

评价中心是本单位技师及其以下技能等级评价工作的业务实施机构，主要职责如下：

（1）组织实施本单位技师及其以下技能等级评价。

（2）定期向所在省（自治区、直辖市）人社部门和指导中心报送技能等级评价数据。

（3）协助检查所属单位技能等级评价质量。

（三）核准备案

备案条件：

（1）省公司级单位作为评价主体，组织开展本单位技师及其以下技能等级评价工作。

（2）制订符合国家技能等级评价政策和公司评价要求的工作方案，明确评价范围、申报条件、评价方式及内容。

（3）具有与评价范围相适应的考评员、质量督导员以及评价场地、设备设施等硬件资源。

（4）近三年技能等级评价工作未发生违规违纪行为。

备案流程：

（1）提出申请。各单位向国网人资部提出技师及其以下技能等级评价申请，报送备案材料，备案材料包括本单位及地方人社部门技能等级评价相关管理文件、实施方案以及考评员、考评场地、设备设施、补充题库等评价资源。

（2）核准备案。国网人资部对申请单位的评价能力及备案材料进行审核，对符合条件的单位出具批复文件，予以核准备案。

（3）评价实施。核准备案单位须严格按照工作方案组织开展技师及其以下技能等级评价工作。未申请或未通过核准的单位，在征得所在省（自治区、直辖市）人社部门同意的前提下，委托指导中心或系统内其他单位开展技师及其以下技能等级评价工作。

（四）评价管理

评价范围：评价范围为公司在人力资源和社会保障部备案的《中华人民共和国职业分类大典》内的职业（工种）。

评价方式：评价方式分为考核评价和直接认定两种。技师等级评价采用工作业绩评定、理论知识考试、技能操作考核、潜在能力考核、综合评审等方式进行，各项成绩达到60分且评价总成绩达到75分者方可参加综合评审。高级工及其以下等级评价采用工作业绩评定、理论知识考试、技能操作考核等方式进行，各项成绩达到60分且评价总成绩达到75分者视为通过。

评价流程：

（1）计划发布。各单位征集评价需求，发布评价实施计划，通过技能等级评价管理信息系统报备。

（2）职工申报。各单位发布评价工作通知，组织职工通过技能等级评价管理信息系统填报个人信息、业绩成果，上传佐证材料。

（3）资格审查。职工所在单位进行资格初审，各单位组织复审。

（4）评价实施。各单位编制评价实施方案，认真组织开展评价工作，在评价各项环节结束10个工作日内，通过技能等级评价管理信息系统报送成绩。

（5）结果公布。评价结束后，各单位将通过人员名单公示5个工作日无异议后，按照管理权限行文公布。

（6）数据上报。各单位将评价数据报送所在省（自治区、直辖市）人社部门，通过后报送指导中心，核准后报送人力资源和社会保障部。

（7）证书发放。指导中心统一印制、发放职业技能等级证书。

（五）考核监督

（1）严肃评价纪律。各单位要充分认识评价工作的重要性、严肃性和规范性，恪守评价工作原则，认真履行工作职责，严格遵守评价纪律，严格执行评价标准，强化对评价工作的引导、管理、协调和监督，确保评价公开、公平、公正。

（2）严格责任追究。各单位要严格落实各项评价工作要求，强化红线意识。对玩忽职守、徇私舞弊、履责不力的工作人员进行通报批评，并取消相应资格。对存在作弊、替考、不服从管理、严重影响考场秩序等行为的申报人员，进行通报批评，取消评价成绩，要求三年内不得申报。

（3）严格过程监督。公司建立技能等级评价工作评估机制，对各单位评价工作过程质量及评价结果进行督导、考核，定期开展全面质量评估。对违规操作、弄虚作假的单位，视情节轻重给予通报批评、停止评价、限期整改等处理，直至取消评价资质。

八、技能等级评价实施流程与方法

（一）评价工作方案

1. 工作原则

为深入贯彻落实各级人社部门、国家电网有限公司职业技能等级认定及备案工作要求，严格执行国家电网有限公司技能等级评价管理制度，在确保公司各项工作正常开展的前提下，统筹考虑各实训站评价资源和承载力情况，根据《国家电网有限公司技能等级评价管理办法（征求意见稿）》《国家电网有限公司高级技师评价实施细则（征求意见稿）》和《国家电网有限公司技师及以下等级评价工作规范（征求意见稿）》的要求，坚持战略引领、服务发展的原则，放管结合、分级评价的原则，机制创新、激发活力的原则，统筹推进、规范实施的原则。

2.职责分工

（1）成立领导小组。人员及职责如下：

组长：省公司人资部负责人。

副组长：省公司人才评价中心负责人。

成员：省公司人才评价中心专工、市公司人资部负责人、专业部门负责人。

职责：①负责全面领导本次评价工作；②负责审定考务实施方案；③负责对方案实施全过程进行监督、指导；④负责协调解决方案实施中的重大事项。

（2）成立综合管理小组及评价实施小组两个工作小组。人员及职责如下：

①综合管理小组。

组长：省公司人才评价中心负责人。

副组长：省公司人才评价中心专工、市公司人资部负责人、专业部分负责人。

成员：市公司人资部人才评价管理人员、专业部门相关人员。

职责：负责编制考评实施方案；会同考点单位制订考务工作方案并监督实施；负责协调组织相应考点的考务、考试、监督和后勤保障等具体工作；负责公示考评结果，并将通过人员名单上报公司人资部审核。

②评价实施小组。

组长：考点负责人。

副组长：市公司人资部人才评价管理人员、专业部门相关人员。

成员：评价实施专责人。

职责：负责严格按照考务实施方案执行评价工作；做好相应的考务、考试后勤保障等具体工作；负责评价现场的安全管理；建设和维护评价设备设施，管理评价档案。

3.评价方式及内容

（1）评价方式分为考核评价和直接认定两种。考核评价是指公司对符合申报条件且通过考试考核的职工，确认相应技能等级。直接认定是指公司对在职业技能竞赛中取得优异成绩的职工，免除考试考核要求，直接认定相应技能等级。

（2）评价内容：高级技师、技师等级评价应包括工作业绩评定、专业知识考试、专业技能考核、潜在能力考核、综合评审等；高级工及其以下等级评价原则上包括工作业绩评定、专业知识考试、专业技能考核等。

①工作业绩评定：申报人所在单位人力资源部门牵头成立工作业绩评定小组，

对申报人的安全生产情况、日常工作态度、取得的工作成就、工作业绩等进行评定，重点评定工作绩效、创新成果和实际贡献等工作业绩。满分100分。评定小组签署意见，人力资源部门审核后盖章。评定小组人数不少于3人（含组长1名）。

②专业知识考试：采用机考或笔试方式，重点考查基础知识、相关知识以及新标准、新技术、新技能、新工艺等知识。

A.考核方式及时长：各等级专业知识考试均采用网络大学闭卷考试方式，满分100分，相关要求如表1-2所示。

表1-2 专业知识考试的相关要求

评价等级	单选题 数量	单选题 每题分值	多选题 数量	多选题 每题分值	判断题 数量	判断题 每题分值	题目数量	总分值	考试时限
初级工	70道	0.5分	40道	1分	50道	0.5分	160道	100分	60分钟
中级工	70道	0.5分	40道	1分	50道	0.5分	160道	100分	60分钟
高级工	100道	0.4分	60道	0.8分	40道	0.3分	200道	100分	90分钟
技师	100道	0.4分	60道	0.8分	40道	0.3分	200道	100分	90分钟

B.命题及组卷：采用封闭命题方式，命题过程应符合技能等级评价保密规定，按照以下要求执行。

a.每职业（工种）每等级命题专家不少于2人，命题专家应在本专业领域具备一定的权威性。

b.试题来源包括公司统一编制的技能等级评价题库（以下简称"公司题库"），各单位根据地域、专业和岗位差异自行编制的补充题库（以下简称"补充题库"），以及专家封闭过程中现场命题。

c.技师等级专业知识考试中，从公司题库中抽取的题目总分值不少于60分，专家现场命题的题目总分值不少于10分。

d.高级工及其以下等级专业知识考试，可全部从公司题库及补充题库中抽取题目，也可加入专家现场命题。

C.考试地点及监考要求：专业知识考试应在计算机机房中进行，监考人员与考生配比不低于1∶15，且每个考场的监考人员不少于2名。

③专业技能考核：采用实操考核方式，重点考核执行操作规程、解决生产问题和完成工作任务的实际能力。

A.考核方式及时长：专业技能考核满分100分，采用实操方式进行，由评价中心牵头或授权成立考核小组组织实施，考核时限严格按相应评价标准要求执行。

B.考核内容：专业技能考核从公司题库或补充题库中随机抽取1～3个考核项目。对于设置多个考核项目的，各考核项目应与评价标准中规定的不同职业功能相对应。

C.考核地点及监考要求。专业技能考核应在具有相应实训设备、仿真设备的实习场所或生产现场进行。考评员应为3人及其以上单数，依据评分记录表进行独立打分，取平均分作为考生成绩。对于设置多个考核项目的，每个考核项目均应达到60分及其以上。

④潜在能力考核：采用专业技术总结评分和现场答辩方式，重点考核创新创造、技术革新以及解决工艺难题的潜在能力。各单位成立考评小组，每职业（工种）考评小组人数不少于3人（含组长1名）。潜在能力考核成绩由两部分构成：一是考评小组对申报人的专业技术总结做出评价，满分30分；二是对申报人进行潜在能力面试答辩，满分70分。潜在能力考核满分100分，各考评员独立打分，取平均分作为考生成绩。

⑤评价结果认定：技师等级评价总成绩按工作业绩评定占10%、专业知识考试占20%、专业技能考核占50%、潜在能力答辩占20%的比例计算汇总，各项评价成绩60分及其以上且总成绩75分及其以上者进入综合评审阶段；高级工及其以下评价总成绩中，专业知识考试成绩占比依次为40%、50%、60%，专业技能考核占比依次为50%、50%、40%，工作业绩评定成绩占比依次为10%、0%、0%，高级工及其以下等级各项评价成绩均在60分及其以上且总成绩75分及其以上者视为合格。

⑥综合评审：采用专家评议方式，综合评审参评人员的技能水平和业务能力。评价中心牵头，分工种成立综合评审组，对参评人员提交的业绩支撑材料、专业技术总结、各环节考评结果等进行综合评价，采取不记名投票方式进行表决，三分之二及其以上评委同意视为通过评审。每专业综合评审组人数不少于5人（含组长1名），评委应具有高级技师技能等级或副高级及其以上职称。

4.保障措施

（1）加强组织领导。各单位要加强对评价工作重要意义的认识，明确分工，落实责任，协同、稳妥推进评价工作。

（2）加强安全管理。考点实行封闭式管理，组织全员签订安全承诺书，宣贯安全管理规定和保障措施，确保参评人员熟知消防通道和应急预案。

（3）突出质量管控。组织全体工作人员召开考务会，统一评价标准和原则，按照评价细则和方案要求，逐人逐项落实责任分工，确保评价流程严谨、规范。

（4）细化保密措施。组织考评员和考务工作人员签订保密协议，对考题编制、试卷印刷等核心环节邀请考点单位纪委现场进行监督，确保公平、公正。

（5）严格监督执行。在质量督导员和纪委工作人员监督下，严格按照规定流程开展工作，及时汇总考试成绩并签字确认，做到数据准确、评价透明、结果公开。

（6）严肃结果考核。严格落实公司考核方案，督促各单位严格执行，对工作组织不力、产生舆情风险、造成不良影响的单位及个人进行严格考核。严格评定各环节量质期要求。

（7）注重宣传引导。注重典型培养、选树，及时总结、宣传评价过程中的好做法、经验，营造"比学赶超、奋力争先"的浓厚氛围，构建"敢于争先、人人争先、全面争先"的工作格局。

（二）工作业绩评定实施

对于晋级评价，工作业绩评定主要评定申报人取得现技能等级后在安全生产和技能工作中取得的业绩；对于同级转评，工作业绩评定主要评定申报人转至现岗位后在安全生产和技能工作中取得的业绩。

申报人所在单位人力资源部门牵头成立工作业绩评定小组，对申报人的安全生产情况、日常工作态度、取得的工作成就、工作业绩等进行评定。工作业绩评定重点评定工作绩效、创新成果和实际贡献等工作业绩，满分100分。评定小组签署意见，人力资源部门审核后盖章。评定小组人数不少于3人（含组长1名）。

根据评价实施需要，编制工作业绩评定表（表1-3）：

表1-3 工作业绩评定表

考核项目	标准分	考核内容	分项最高分	实际得分	备注
安全生产	25分	三年内对重大设备损坏、人身伤亡事故无直接责任 发现事故隐患，避免事故发生或扩大（主要人员）	15分		
		遵守安全工作规程，没有安全生产违规现象	8分		
		获得安全生产荣誉称号	2分		

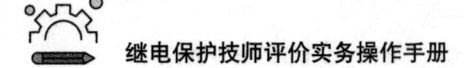

续　表

考核项目	标准分	考核内容	分项最高分	实际得分	备注
工作成就	65分	自参加工作之日起至今无任何事故	7分		
		技术革新、设备改造取得显著经济效益（主持或主要人员）	4分		
		发现并正确处理重大设备隐患（主要人员）	10分		
		参加或承担重大工程项目、设备运行调试（主要人员）	4分		
		在解决技术难题方面起到骨干带头作用	5分		
		传授技艺、技能培训成绩显著	20分		
		组织或参加编写重要技术规范、规程	10分		
		工作中具有团结协作精神，有较强的组织协调能力	5分		
工作态度	10分	自觉遵守劳动纪律、各项规章制度	6分		
		对工作有较强的责任感，努力钻研技术、开拓创新	4分		
合计					

业绩评定小组评语	组长（签字）：　　　　　年　月　日
申报人所在单位意见	人资部门（章） 人资部门负责人（签字）：　　　　年　月　日

申报人姓名：　　　　　　　单位：
申报工种：
说明：
（1）本表由申报人所在单位人资部门组织填写。
（2）晋级评价工作业绩评定内容以取得高级工资格后为准。
（3）技术革新、设备改造、合理化建议及荣誉称号等均需附有关证明材料。

（三）技能等级评价实施方案

1.分工安排

各考点须设立考务组、考评组、监督巡考组、后勤保障组等四个工作小组，具体要求如下：

（1）设立考务组。考务组成员组成及职责如下：

组长：市公司人资部或考点负责人。

成员：市公司人资部人才评价管理人员、考点相关人员。

职责：负责制订本考点考务方案并组织实施；负责考场的编排、考评小组分工安排、专业知识考试监考人员的安排、网络大学考试环境调试和考务准备工作；负责专业技能考核场地布置、工器具材料准备、考评资料准备、考评现场服务；负责潜在能力答辩场地的布置、整理，考评资料准备，考评现场服务；负责考场标志、提示和警示标牌以及监考证、巡考证等证件的配置；负责组织召开考点考务会；负责各项考核成绩统计、上报工作；负责考试的组织协调、突发事件的处理；负责考核资料的整理、归档工作，评审材料整理要求讲解和指导工作。

（2）设立考评组。考评组成员组成及职责如下：

组长：考评员。

成员：考评员。

职责：负责专业知识考试监考工作；负责抽取专业技能考核项目并统一确定评分标准；负责专业技能考核考评及安全监督工作；负责专业技术总结评分和成绩统计工作；负责开展潜在能力面试答辩工作，完成答辩评分和成绩统计；负责汇总计算各考核项成绩并提交；负责协商解决与考核内容、标准等有关的问题。

（3）设立监督巡考组。监督巡考组成员组成及职责如下：

组长：公司质量督导员（公司选派）。

成员：市公司有关监察人员、人才评价管理人员。

职责：负责制订本考点监督巡考组工作方案并组织实施；负责专业知识考试、专业技能考核、潜在能力考核及巡考工作；负责对考核过程和考评小组工作情况进行质量督导和纪律监督；协助处理考核期间的突发事件，维持考核工作秩序。

（4）设立后勤保障组。后勤保障组成员组成及职责如下：

组长：考点管理人员。

成员：考点有关人员。

职责：负责制订本考点后勤保障组工作方案并组织实施；负责考场视频监控设备的调试与保障工作；负责考核期间电脑、打印机、封装袋、纸、笔等办公和考务用品准备和各考核现场执勤服务工作；负责考场网络运行服务及相关技术支持工作；负责考核期间的水电保障及医疗服务工作；负责考核期间的安全保卫工作；负责处理突发事件及应急救援工作；负责人员报到引导和现场咨询服务工作。

2.评价工作日程安排表

评价工作日程安排表力求翔实，时间细化、工作明确，适用性强、操作性强。表1-4是评价工作日程安排表（以技师评价为例）。

表1-4 评价工作日程安排表

日期	工作内容	工作要求	参加人员
考评前	考务筹备	拟定工作分工、考场编排、考评小组分组，准备考核场地、考试用品，张贴宣传标语、考场规则、考场分布等	考务组
前一天18:00前	考评员报到	考评员报到	考评组
第一天08:30	考务会	第一阶段由考务组组长统筹安排考务、监考、后勤保障和治安保卫工作，并组织全员学习有关规定和要求，签订安全承诺书和保密协议 第二阶段限考评员参加，由考评组组长宣布考评工作安排及分工	全部工作组
第一天09:00—19:00	封闭命题	考评组命题人员进行专业知识考试封闭命题	考评组
第一天14:00前	参评人员报到	引导和接待参评人员，收集申报资料	后勤保障组
第一天14:30—15:30	安规考试（建设、生产工种）	采用网络大学机考方式，由考务组负责组织。安规考试通过方可参加评价	考务组 监督巡考组
第一天18:00前	材料准备	考务组2名专人对参评人员进行编号，打印参评人员编号表并签字确认，从参评人员档案袋中抽取封面和正文分开的3份专业技术总结，对照编号表将人员编号写在正文第一页右上角，去掉封面。按照编号顺序整理并妥善放置保管，用于专业技术总结评分工作	考务组专人
第一天18:00前	参观考场	后勤保障组人员带领参评人员参观考场	后勤保障组

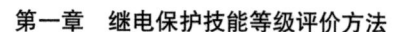

续 表

日期	工作内容	工作要求	参加人员
第一天 19:00—20:30	专业知识考试	组织开展专业知识考试	监考人员 考务组 监督巡考组
第二天 08:30—17:30	专业技能考核、答辩	1. 组织开展专业技能考核 2. 考评小组对参评人员进行答辩提问（共3～4个答辩题目），根据考试回答情况进行评分	考评组 监督巡考组
第二天 19:00—20:30	技术总结打分	考评员对参评人员技术总结进行评分	考评组 监督巡考组
第三天 08:30—12:00	专业技能考核、答辩	1. 组织开展专业技能考核 2. 考评小组对参评人员进行答辩提问（共3～4个答辩题目），根据考试回答情况进行评分	考评组 监督巡考组
第三天 14:00—15:00	总结收尾	召开本批次评价工作总结会，统计考评分数，填写申报表。考评组提交考评报告。将本批次评价过程资料整理归档	全体考务、考评、监督巡考、后勤保障等工作组人员
同一工种全部批次考评结束后单独进行	综合评审	开展综合评审	考评组 监督巡考组
	评审材料整理	汇总评审结果，并对应填写申报表。考点组织对申报资料按统一标准进行整理归档	考务组 考评组
	总结收尾	召开评价工作总结会。评审组组长提交考评报告。将资料整理归档	全体考务、考评、监督巡考、后勤保障等工作组人员

3. 考评内容

（1）安规考试。对于国家电网有限公司安全规程覆盖的生产、建设等专业工种，参加评价的人员在参加评价前须通过安规考试。

（2）专业知识考试。各等级专业知识考试均采用网络大学闭卷考试方式，满分100分。高级工及其以上等级考试时限不少于90分钟，题量不少于200道；高级工以下等级考试时限不少于60分钟，题量不少于150道。

（3）专业技能考核。专业技能考核采用实操方式进行。考点成立考核小组并组织实施专业技能考核，考核时限严格按相应评价标准要求执行。

（4）潜在能力考核。潜在能力考核成绩由两部分构成：一是考评小组对申报人的专业技术总结做出评价，满分30分；二是对申报人进行潜在能力面试答辩，满分70分。

（5）综合评审。考点分工种成立综合评审专家组，每组至少5人（含组长1名），评委应具有高级技师技能等级或副高级及其以上职称。

4.评价实施要求

（1）专业知识考试实施要求。

①考点要求。考点实行封闭式管理；建立健全安全保卫及消防制度，考核期间每日进行消防安全检查；建立健全学员公寓管理制度，规范公寓的安全管理、卫生清洁工作；建立健全卫生管理制度，取得食品卫生许可证，餐厅卫生管理符合国家有关规定标准。

考点要设考务办公室、保密室、监考人员休息室、医务室、参评人员问询处、茶水处、参评人员禁带物品存放处、车辆存放处等。

②考务人员注意事项。理论知识考试采用网络机考方式进行。评价基地负责组织召开考务协调会，对考务工作进行具体的安排，及时协调各方面的工作。

A.考前准备。

a.考务人员编制监考人员安排表和考场分布表，准备好考试用品（装订用具、胸牌、准考证号码、考场号码、胶水等），做好张贴考评通知、考场规则、考场分布等宣传工作。

b.安排后勤保障和治安保卫工作。

c.考务人员考试前召开考务人员、工作人员和监考人员培训会议（考前准备会），安排本次考评的工作，学习《考场规则》《监考职责》《监考人员守则》《巡视员职责》等有关规定和要求；会后，向监考人员发放《考场规则》《监考职责》《监考人员守则》《应试人员违纪处罚暂行规定》和考试用品等。监考人员分组布置、整理考场；网络工作人员调试网络设备，彻底清理计算机内的资料信息；考务人员布置、整理考务办公室。

d.主考组织有关人员对考场进行全面检查，发现问题，及时解决。

B.实施考试。

a.组织召开考前会。全体考务人员提前40分钟到达考务办公室。主考主持召开考前会，再次强调考风考纪和注意事项，宣布各考场监考人员分工，分发试卷、准考证存根、监考胸牌、考场记录和草稿纸等。会后，考务组对考试安排情况做最后检查。

b. 组织入场考试。考务人员提前 1 小时对网络考试设备进行开机调试。网络管理人员在开考前 30 分钟在命题专家和考务专人监督下导入试题并解密。监考人员到达考场，对应试人员验证入场，宣读《考场规则》和注意事项；考试过程中将参评人员违反考场纪律的情况如实填入考场记录，对严重违反考场纪律的参评人员，应及时报告巡视人员或主考。

c. 考试结束后，监考人员将考场记录、巡视员记录、座次表、花名册以及考场情况记录表一并交考务办公室。

d. 考务办公室根据考场情况记录表，编制考评情况报表送发有关部门。

C. 统计成绩。

a. 考务办公室组织人员立即从网络大学系统中导出考试成绩，交巡考员审验合格后，考务、巡考、监考三方共同签字确认，按规定存档。

b. 使用 U 盘拷贝电子版考试成绩，并加密留存。录入成绩的 U 盘加盖"秘密"印章后由专人保管。

③参加考试人员注意事项。

A. 参加考试人员入场。开考前 30 分钟开始入场，开考前 10 分钟入场完毕，凭身份证进入指定考场。按考试号对号入座，并把证件放在桌面左上角，以备检查。

参加考试人员忘带或遗失身份证，先入场考试；监考人员做好记录，同时报告考务组；考务组联系有关人员进行身份确认。

考试开始 30 分钟后，参加考试人员不能入场。

B. 考试用品。除黑色或蓝黑色墨水的钢笔或签字笔外，参加考试人员不能携带其他任何与考试无关的物品（包括计算器、手机、掌上电脑、电子手环、书籍、笔记、水杯等）进入考场。

C. 答题。按照考试系统提示信息作答。

D. 交卷离场。开考 30 分钟内，不能交卷离场。开考 30 分钟后，可以提前交卷。考试结束，待监考人员确认试卷完全提交，宣布考试结束后，参加考试人员离场。

E. 作弊认定。考试期间，有以下行为者，认定为作弊：除规定的考试用品以外，携带与考试无关的物品（如手机、掌上电脑等），且考试前隐匿或拒不交予监考人员保管；在考场内交头接耳、打手势、做暗号；扰乱考场秩序；携带小抄或偷看他人答题；传递答案、抄袭或让他人抄袭等；提前交卷后，在考场外大声喧哗；未经监考人员许可，考试期间擅自离开考试位置；其他应认定为作弊的行为。

参加考试人员若在考试期间确需去洗手间，应向监考人员举手示意；在经监考人员同意并与巡考人员取得联系的情况下，方可离开考试位置，在巡考人员的陪同下去洗手间。

④监考人员注意事项。

A. 工作规则。

a. 负责指定考场的监考工作，严格执行考试规章，确保考试工作顺利进行。

b. 佩戴监考证件，考试前到指定地点参加考务会、考前准备会。

c. 考试前30分钟进入考场，查验进场参加考试人员，将考试禁用物品集中收放，考前10分钟宣读考试纪律。

d. 逐一检查参加考试人员的身份证件，核对其姓名、照片，如有疑问，需报告考务组处理并记录。

e. 考试开始后，提示参加考试人员核对试题。

f. 不得宣读试题，对试题内容不做任何解释。在参加考试人员对试题提出询问时，当众回答。不得为参加考试人员解答试题或暗示题意，不得在考场与参加考试人员私下交谈。

g. 坚守岗位，在考场内巡视，不固定在一处或长时间站在参加考试人员的考位旁；手机务必保持关机；不得在考场内阅听文字和有声资料；不得交谈；不得抄题、答题或将试题传出考场；不得自行决定延长或者缩短考试时间。

h. 制止与考试无关人员进入考场。

i. 考试结束前15分钟，提醒参加考试人员剩余时间。每批次考试结束后，将考务用品、考场记录表交回考务办公室。

j. 发现参加考试人员有违纪行为时，必须坚持原则，严格执行考试纪律，将情况统一如实记入考场情况记录表，并经在场所有监考人员签字确认。

k. 学习《突发事件处置预案》，并按照《突发事件处置预案》的有关要求和职责权限处置、报告突发事件。

B. 操作注意事项。

a. 填写考场记录表。考试完毕后，第一监考员将考场记录表交考务组。

b. 考场监控。开考后，第一监考员登录网络大学管理员端，对照参加考试人员实际到位情况，监控参加考试人员登录情况，如发现实际未到场但在系统中已登录的参加考试人员，及时报告监督巡考组。如发现参加考试人员状态更新不及时，可刷新管理员端页面。

c. 标记缺考。每场考试开始30分钟后，第一监考员执行标记缺考操作，并记录在考场操作记录表中。

d. 换机授权。当参加考试人员登录后出现软硬件问题时，经排查无法解决，第一监考员执行换机授权操作，并记录在考场操作记录表中，执行后，参加考试人员可在其他机位登录。

e. 延长考试时间。如因设备问题个别延长考试时间，可选中参加考试人员执行延时操作；如因网络问题需整体或对超过 10 人延时操作，需请示考务组，在上一级页面选中考场，执行延时操作。延时操作需记录在考场操作记录表中。

f. "警告""收卷""作弊"或取消考试资格。"警告"后，参加考试人员界面跳出提示页；"收卷"后，参加考试人员无法作答，但已答部分有效；标记"作弊"后，参加考试人员成绩置 0；考前取消考试资格，参加考试人员无法登录、考试；考试期间取消考试资格，参加考试人员成绩置 0。

g. 考试结束后，监考员运行"在线考试安全组件"［切勿运行"在线考试安全组件（自动答题）"］。

h. 若个别电脑出现断电、断网或死机情况，可在重启后重新登录，若问题仍存在，则执行换机授权。

i. 若个别机位无法加载试卷，则重启电脑后重新登录；若多个机位无法加载试卷，则报告技术支持人员后等待处理通知。

j. 如个别机位无法提交试卷，若考试还未结束，则重启电脑，再次登录，确认答案无误后提交，若考试已经结束，则先执行延时操作，再重复上述过程；如多个机位无法提交试卷，报告技术支持人员后等待处理通知。

k. 告知参加考试人员若考试中反复提示"服务器连接异常"，应停止答题并报告监考员，排除故障后继续答题。

⑤巡考人员注意事项。

A. 按时参加考务会和考前会。

B. 佩戴证件上岗。

C. 提前到位，认真履行各自职责，工作时不得闲谈、议论。考试期间，至少间隔 15 分钟巡考一次。

D. 密切配合考务组人员工作，共同创造良好的考试环境。

E. 按照有关要求，处理考场相关事务（如陪伴和监督参加考试人员去洗手间，暂时替代监考人员，监督参加考试人员是否有作弊行为并报告，等等）。

F. 忠于职守，不得离开工作岗位，不得与无关人员进行交谈或进行与考试无关的活动。

G. 严格遵守保密规定，不得透露与考试有关的情况，不得接触试题。

⑥考场纪律（宣读用）。

A. 参加考试人员在规定时间凭身份证进入指定考场，对号入座，并把身份证放在桌面左上角，以备检查。

B. 考试通过网络大学考试系统进行，除黑色或蓝黑色墨水的钢笔或签字笔外，参加考试人员不能携带其他任何物品进入考场。已带入考场的违禁物品须上交监考人员，在指定位置集中存放。

C. 答题前按考试说明正确登录考试页面；待开考指令发出、屏幕提示开始答题后，开始答题。

D. 在考场内应保持安静，不准交头接耳、打手势、做暗号；不准抄袭或让他人抄袭；未经监考人员许可，考试期间不准擅自离开考试位置；提前交卷后，不得在考场外大声喧哗。每位参加考试人员都有权利和义务检举所发现的作弊现象。

E. 考试过程中，如出现电脑或网络故障，参加考试人员应立即向监考人员举手示意。监考人员引导参加考试人员更换电脑，或技术支持人员解决故障。设备或系统故障影响的考试时间由监考人员在考试系统进行延时操作，予以补足。

F. 考试开始30分钟内，不能交卷离场。

G. 参加考试人员在考试期间确需去洗手间，应向监考人员举手示意；经监考人员同意，在巡考人员的陪同下去洗手间，并接受巡考人员的监督。

H. 参加考试人员在规定时间内，完成答案保存和提交，经监考人员查验无误后方可离场，离场后不得再次进入考场。

（2）专业技能考核实施要求。

①考点要求：考点实行封闭式管理；建立健全安全保卫及消防制度，考核期间每日进行消防安全检查；建立健全学员公寓管理制度，规范公寓的安全管理、卫生清洁工作；建立健全卫生管理制度，取得食品卫生许可证，餐厅卫生管理符合国家有关规定标准。

考点要设考务办公室、保密室、监考人员休息室、医务室、参评人员问询处、茶水处、参评人员禁带物品存放处、车辆存放处等。

②实操考评要求。

A. 考前准备。

a. 主考：主考员提前1小时召集考评人员、工作人员召开考前会；检查考评人员、工作人员劳保用品的穿戴和胸卡的佩戴；宣读《考评人员职责》；宣布考评人员分组名单；宣布当日考评项目评分标准及有关注意事项。

b. 工作人员：工作人员提前30分钟召集应试人员开考前会；检录应试人员，

包括金属检测、查验身份证、签到等环节；宣读《实际操作考核规则》。安全员进行考前安全教育。工作人员按花名册顺序点名并分组抽签，根据抽签结果排列各项目参评人员及其入场的先后顺序。

c.考评员：考评员提前30分钟进入考核工位，熟悉所负责的考评项目，根据考评项目进入对应工位做考前准备；领取考评项目所需技术标准、评分标准；检查考评所需的总成件、零部件、消耗材料等；检查本项考核所需的工具、量具等；检查考评所需的辅助设施；各项检查准备工作完毕后即向主考报告；各考评小组准备工作完毕，主考宣布转入考评阶段。

B.考评实施。

a.考评员在考评期间，必须佩戴职业技能考评员证，持证上岗，统一着装，服装整洁，言谈举止文明礼貌；考评时佩戴安全帽，到位考评。考评期间不得携带、翻看手机等通信工具。

b.引导应试人员：所有应试人员一律在固定地点候考，现场工作人员按照考评顺序引导应试人员，应试人员到达考评现场，填写试卷相关信息后，候考。工作人员向考评员发放考评项目评分表。

c.考评员许可后，应试人员按照顺序进入考试现场。考评员逐一核对应试人员身份证、准考证和考试通知单，杜绝替考，对有疑问的应试人员会同其他考评员进行核对确认。

d.应试人员到达工位后，考评员对考评项目做简单介绍，如考评项目名称、内容及要求。

e.应试人员用5～10分钟的时间，检查设备、工具、材料等的准备情况，发现问题及时向考评员报告，检查无误后汇报。

f.全部应试人员汇报后，考评员统一发布开始工作指令，进入考评计时，应试人员进行现场操作。

g.考评期间，考评员进行全过程到位监督考评，严格按照评分标准要求逐项测评打分，使用红色笔对扣分项明确标注扣分原因，合理进行扣分，独立完成各自负责的评分任务，相互之间不得暗示或沟通，认真填写考评记录并签名。

h.考评过程中，考评员监督应试人员的操作过程，及时制止操作过程中危及安全操作的行为。

i.在规定的考评时间内，应试人员认为已按要求完成了考评项目并向考评员声明后，可视为本考评项目结束。

j.考评时间终了，考评员应立即宣布考评项目结束。应试人员应按安全操作规程立即停止操作。对于执意继续操作的，应按考评不及格处理。单项考评项目结束后，应试人员回到休息室等待下一项目考评或由工作人员带领到下一项目考评的指定地点。考评对象有违纪行为，考评人员视情节轻重分别给予劝告、警告、扣分、终止考评、宣布成绩无效等处理，并将处理结果填写在考评记录上。

③质量督导：质量督导员应热爱职业技能考评工作，廉洁奉公、公道正派，具有良好的职业道德和敬业精神；熟练掌握职业技能考评理论、技术和方法；具备技师及其以上职业资格或中级及其以上职称。

质量督导员开展考评前会议督导。质量督导员提前一天按时召开考评员会议，学习有关考评文件，宣读《考评人员职责》和《考评人员守则》；提出考评期间的有关要求，统一考评标准和考核尺度；组织考评员根据考评项目实地查看考评现场和设备准备情况，并提出改进方案。

质量督导员做好对考评现场的全过程检查，主要检查内容如下：

A.考评基地的考务方案内容是否完整，考评时间安排是否合理，考评人员分工是否明确、具体；应急预案编制是否完善，是否能够满足突发的紧急情况的需要；应急设备和材料是否齐备；等等。

B.理论和实操场地是否符合考评要求，技术设备和培训、考评设施是否齐全，设备精度和培训功能是否满足考评需求；天气情况是否满足室外考评需要，环境温度和湿度是否满足绝缘试验等项目考评条件要求；现场安全防护措施是否全面、安全、可靠。

C.现场工作人员是否齐备，能否满足实训现场工作需要；实训场地是否设置了警示标志和考评区域，是否设置了安全保卫人员。

D.后勤保障和饮食卫生管理情况是否符合要求。

E.考场组织是否严谨有序。考评使用规定试卷。

F.深入了解学员在培训期间所反映的学习、生活等各种情况。

G.在考评期间抽查应试人员的准考证和身份证情况。

H.检查考评员在考评期间的工作作风和考评情况，并提出督导意见。

质量督导员在执行督导任务时，必须佩戴质量督导员胸卡，衣着整洁，言谈举止文明礼貌；严格执行督导人员对其亲属、师生的职业技能考评回避制度；签订考评诚信责任书和考评质量责任书。

（四）考评准备

1.人员准备

（1）考评员、督导员选派：省公司评价中心负责根据需要选派考评员和督导员，实训站做好考评员报到接待等工作。

（2）考务人员安排：按照分工安排考务人员。

2.场地准备

（1）理论考场布置。

①考场为标准教室，其门窗完好，门锁齐全，环境安静，整洁、明亮，便于管理，外人不得随意进出。

②每个考场容纳参评人员数量一般不超过100人，实行单人、单桌、单行。桌、椅要整齐、完好，桌距一般不得小于80 cm，特殊情况下间距不满足要求的，要设置隔离挡板。

③有严格的管理制度和考场纪律。

④考点、考室布置要干净整齐。考点要张贴考室分布图、考场规则、考试时间表、路标等。考点、考室布置完毕后，要检查一次，然后封闭，等待考试。

⑤每一考场监考人员与参评人员人数比例不低于1∶15，监考人员不少于2人（其中一人为第一监考员）。应选聘作风正派、工作认真、纪律性强、健康状况良好的同志担任监考人员。对于监考人员在哪个考场监考，考试以前不得泄露，不得提前告诉监考人员。

（2）实操考场布置。

①技能操作实训室：

每个技能操作实训室应明确标识可开展的实训项目、考核要求及安全交底事项，并具有与实训项目对应的实训作业指导书、培训教材和题库等。

技能操作实训室内的实训工位要满足技能操作培训、技能竞赛、职业技能考评要求，工位数量不少于4个，工位间距应符合安全距离，不得小于1 m，各工位之间用符合安全标准的栅（带）状遮栏隔离，场地清洁。

技能操作实训室的每个工位可以同时作业，能满足10～20人同时进行技能培训的需求，保证考核期间参评人员不相互影响，能够独立考核。

技能操作实训室应有中长期发展规划。

技能操作实训室内的技能操作实训设备应与生产现场同步或适度超前，有条件的配备投影仪等现代化教学设备。

技能操作实训设备功能完备，布局合理，标识规范，维护良好，符合相应培训项目的要求。

技能操作实训室内的仪器仪表和工器具齐全、质量合格，摆放整齐，标识规范，符合技术标准规定。

技能操作实训室的培训设备设施和工器具有专人管理，管理制度完善。设备和工器具台账清晰，账、卡、物对应一致，定期维护、检验记录完整、规范。

技能操作实训室应符合《国家电网公司电力安全工作规程》技术要求，有可靠、完善的安全防护措施。技能操作实训室安全标识齐全，具有现场培训安全遮栏或防护网，配有实训操作人身安全防护工器具。安全工器具定期进行检验，质量合格，无事故隐患。

技能操作实训室的消防设备齐全、完好，灭火器材等配置达标。配置的应急灯和安全指示灯应完好，疏散警示标志位置正确、醒目。

技能操作实训室内应有实训室简介、实训装置功能简介、指导培训师岗位职责、实训设备操作流程等上墙图板。

技能操作实训室周围环境整洁、优雅，没有经常性噪声或其他干扰源。

②室外技能操作实训场（区）：

每个室外技能操作实训场（区）应有标识牌等明确标识可开展的实训项目、考核要求及安全交底事项（风险点及安全措施），并具有与实训项目对应的实训作业指导书、培训教材和题库等。

室外技能操作实训场（区）内的实训工位要满足技能操作培训、技能竞赛、职业技能考评要求，工位数量不少于4个，工位间距应符合安全距离，不得小于1m，各工位之间能有效隔离，场地清洁。

室外技能操作实训场（区）的每个工位可以同时作业，能满足10～20人同时进行技能培训的需求，保证考核期间参评人员不相互影响，能够独立考核。

室外技能操作实训场（区）应有中长期发展规划。

室外技能操作实训场（区）内的设备应与生产现场同步或适度超前。

室外技能操作实训设备应功能完备，布局合理，标识规范，维护良好，符合相应培训项目的要求。

室外技能操作实训场（区）内的标识规范符合相关标准规定。

室外技能操作实训场（区）的培训设备设施和工器具有专人管理，管理制度完善。

室外技能操作实训场（区）应符合《国家电网公司电力安全工作规程》技术要求，有可靠、完善的安全防护措施。室外技能操作实训场（区）安全标识齐全，配有实训操作人身安全防护工器具。

室外技能操作实训场（区）内应有实训场简介、实训设备功能简介等图板。

室外技能操作实训场（区）的周围环境应整洁、优雅，没有经常性噪声或其他干扰源。

（3）答辩考场布置。考点提前准备一间教室或其他室内封闭场所作为答辩考场。答辩前一天，布置面试考场、候场区，准备好面试工作所需的各类文字材料、若干数量的 A4 纸、签字笔、饮用水等。文字材料主要有专业技术总结、答辩所需的各类表格（答辩人员签到表、潜在能力答辩评分记录表等）。张贴答辩考场分布表、考场标识和引导标识。

3.资料准备

需要准备的资料包括《考评手册（考评员版）》、技能等级评价期次编号规则、准考证号编码规则、技能等级评价考评会议签到表、技能等级评价考评会议记录表、技能等级评价考评员安全和质量承诺书、技能等级评价考评员诚信责任和保密承诺书、命题保密承诺书、技能等级评价专业知识考试签到表、技能等级评价考试成绩统计表、技能等级评价考评员评分表、技能等级评价考评报告、技能等级评价质量督导报告、技能等级评价专业技能考核试卷、评分表、专业技术总结评分记录表、潜在能力答辩评分记录表、国家电网有限公司技师评价申报表、国家电网有限公司高级工及以下等级评价申报表等相关材料。

4.后勤准备

后勤准备工作包括 8 个要点：

（1）考点实行封闭式管理。

（2）建立健全安全保卫及消防制度，考核期间每日进行消防安全检查。

（3）建立健全学员公寓管理制度，规范公寓的安全管理、卫生清洁工作。

（4）建立健全卫生管理制度，取得食品卫生许可证，餐厅卫生管理符合国家有关规定标准。

（5）考点要设考务办公室、保密室、监考人员休息室、医务室、参评人员问询处、茶水处、参评人员禁带物品存放处、车辆存放处等。

（6）各场所（实训场地、多媒体教室、餐厅、住所等）无事故隐患，并有必要的安全防护设施（如消防设施、安全遮栏、急救用品等）。基地内各考评场地、多媒体教室应设置监控设备，确保考评全过程可控，同时影像资料可导出归档。

（7）各类安全警示标志、安全宣传告示，如警告牌、围栏、警告标语等，设置到位、醒目。

（8）考点、考室布置要干净整齐。考场外要张贴考室分布图、考场座次安排表、考场规则、考试时间表、路标等。考点、考室布置完毕后，要检查一次，然后封闭，等待考试。

(五) 考评员管理

1.考评员报到

考评员要按照通知要求做好工作准备，按时到评价基地报到。后勤保障组人员负责做好报到引导和接待工作。考评员需遵守评价基地管理制度，严格落实好保密要求。

2.参加考务会

考评员报到当天召开考务会，各工作小组参加。考务组提前确定考务会时间、地点，并通知各工作小组。考务会上，考务组组长统筹安排本次评价工作，落实考务人员分工，安排后勤保障和治安保卫工作，并组织全员学习有关规定和要求，组织全员签订安全和质量承诺书、诚信责任和保密承诺书，命题专家签订命题保密承诺书。

3.现场查验

考评组报到当天考务会后，考务组会同考评员熟悉考场布置，实地查看理论考场、实操场地、答辩室等场地布置情况，对现场进行验收，确保安全防护、场地布置和物资等项目满足评价要求；对所设置的考评项目和考评标准内容进行研讨，统一考评尺度和标准，提出改进意见。

专业技能考核项目评分标准修订完善：考评员根据现场查验情况，结合现场设备实际运行情况与考评项目的明确要求，必要时可对评分标准进行调整、完善。

4.封闭命题

《国家电网有限公司技师及以下等级评价工作规范（征求意见稿）》要求技师等级专业知识考试中，从公司题库中抽取的题目总分值不少于60分，专家现场命题的题目总分值不少于10分。高级工及其以下等级专业知识考试，可全部从公司题库及补充题库中抽取题目，也可加入专家现场命题。考评员报到后，要现场封闭命题，国家电网有限公司专业知识题库仅作参考。

命题专家提前报到，封闭命题，其间，1名考务组专人负责做好生活支撑服务，未经命题专家组许可不得进入命题教室。命题结束后，在至少两名命题专家监督下，1名考务组专人提前30分钟将试题导入国网学堂。上述与命题工作相关的所有考务、命题人员均需签订保密协议。开考前，命题人员不得离开命题教室。考务人员（与导入题库人员是同一人）不得参与与专业知识考试相关的引导、入场检查、考场管理、监考等工作。命题完成后，将试题拷贝到专用移动介质存储，命题组专家清理有关电子文档，销毁有关纸质材料。

5.考评实施

考评员按照考评方案，有序开展考评工作，确保考评工作顺利实施。考评员在开展考评工作时，须佩戴考评员资格证（胸牌），不得擅离职守。如有近亲属或其他利害关系人员参加评价，考评员应主动申请回避。

考评员参照评分标准，采用轮换制度和回避制度，独立完成评分任务。现场如有争议，考评组组长组织考评组成员进行综合评定，不得涂改考评成绩。考评员进场后，除监督巡考组人员外，未经考评员许可，其他工作人员不得进入考场。在参评人员考试过程中，考评员将参评人员违反考场纪律的情况如实填入考场记录表，对严重违反考场纪律的参评人员，应及时报告巡视人员或考务组组长。考评员严格遵守评价期间考评纪律，确保评价工作公平、公正。

6.提交报告

考评结束后，考评组组长在规定时间内向评价机构提交考评记录和考评报告。

（六）考生管理

1.考生考前会议

（1）考生须知。考生按照通知要求准时报到后，评价基地相关负责人员组织考生召开考前会议。考前会议内容包括相关政策宣贯，介绍考试时间、地点、流程、项目、分组安排等，介绍评价基地管理规定、考场纪律要求、考评安全要求、考试注意事项等。考生要按时参加考前会议，做好考前准备。

（2）考生安全管理。技能操作考评类项目强调安全管控，确保人身安全、设备安全。考评现场严格执行《电力安全工作规程》，考生服从考评员及现场工作人员安排，按照生产现场"两票三制"及"三种人"管理规定，严格执行工作票签发及考评现场安全交底签字制度。

2.收集资料

考生需按照评价通知要求报到，并提前将个人上报资料按照规定进行整理、装订，报到时提交参评资料。

参评资料包括技师评价申报表2份（贴好照片，一式2份），专业技术总结4份（其中3份技术总结封面要与正文分开），工作业绩评定表1份，技师申报人员综合情况一览表（A3纸打印）6份，本人身份证复印件1份，工作年限证明材料1份（原件），学历证明材料复印件1份，有关本人业绩贡献、技术水平、所获荣誉、传授技艺等的证明材料复印件1份。以上所有纸质申报材料，除特殊说明外，统一使用A4纸打印或复印。申报材料中，除专业技术总结、技师评价申报表单独装订，工作业绩评定表无须装订外，其他材料装订成一册，并编制目录。所有复印件必须经单位人资部门审核、签章。所有申报材料集中装入文件袋，并按照统一模板粘贴目录。

3.熟悉场地

考生按照考评日程安排，可提前熟悉各考评场所、考评工位、考评设备、考评项目等。熟悉场地期间，考生要严格遵守各考评场所的管理规定及设备使用规定，未经许可不能操作任何设施设备，防止误操作情况发生。

4.工作要求

（1）考生根据考评日程安排，凭准考证、身份证，经安检入场。

（2）按照各流程要求，正确着装，参加评价。

（3）应自觉遵守考场纪律，严禁任何形式的作弊行为。

（4）在专业技能考核环节，严格按照相关标准要求进行操作。

（七）评价实施

1.安规考试

对于国家电网有限公司安全规程覆盖的生产、建设等专业工种，参加评价的人员在参加评价前须通过安规考试。考试采用网络大学机考闭卷方式，内容为国家电网有限公司发布的对应专业安规题库，题型为客观题，题量为100道，单选题、多选题、判断题比例为5∶3∶2。考试时间为报到当天14:30—15:30，满分100分，80分及其以上通过。

考务安排参照专业知识考试进行。考试结束后，当场公布考试成绩。成绩不合格者由考点通知返程。考点将考试签到表、考场记录表等资料存档。

2.专业知识考试

专业知识考试于报到当天19:00开始，采用国网学堂机考方式，时长为90分钟，满分为100分，60分及其以上通过，考试题型为客观题。考试大纲为国家电网有限公司统一编制、发布的相应工种的评价标准（技师及其以下等级部分）。专业知识考试重点考核与本职业（工种）相关的基础知识，对应等级的专业知识、相关知识，以及电力行业和公司新标准、新技术、新技能、新工艺。考试前将评价标准大纲下发给参评人员，留出一定的备考时间。考评员报到后现场进行封闭命题。

（1）专家封闭命题。

（2）考前安排。考点根据参评人员数量提前准备配置相应数量计算机的教室作为专业知识考试考场。考试前一天，完成考场布置、准考证号粘贴、软件设备调试等工作，准备好专业知识考试工作所需的各类文字材料、若干数量的A4纸、签字笔、饮用水等。文字材料主要有签到表、考场分布表、考场记录表等。张贴专业知识考试考场分布表、考场标识和引导标示。

（3）入场考试。监考人员提前30分钟到达考场，对参评人员进行金属检测、验证身份证，组织参评人员签到，宣读考试纪律和注意事项。开考30分钟后，参评人员停止入场，监考人员将缺考情况填入考场记录表。考试过程中，监考人员将参评人员违反考场纪律的情况如实填入考场记录表，对严重违反考场纪律的参评人员，应及时报告巡考人员或考务组组长。考试全程录像。考试结束后，将视频资料存档。

（4）考试结束后，监考人员立即从后台核实机试情况是否无误，在监考、考务、巡考三方代表共同监督下，导出考试成绩并打印、签字（监考、考务、巡考三方至少各有1人签字），最后将考试成绩表、考场记录表、签到表、机试成绩表一并交考务办公室。

（5）阅卷工作：阅卷人员必须认真地理解、熟悉标准答案、评分标准，客观、科学、公正地阅卷、评分。阅卷过程中，任何人不得透露评分工作情况和技术细节问题；有专人负责对试卷进行复查，对试卷成绩进行复核，及时纠正错判、漏判和评分尺度过宽或过严现象。

（6）考务组将考试成绩填入汇总表并做好校核。

3. 专业技能考核

专业技能考核采用实操方式，内容为国家电网有限公司统一编制、发布的相应工种操作题库，综合考虑考点条件、专业部门及考评专家意见，选取其中部分典型项目进行实操考核，其他项目内容纳入专业知识考试或潜在能力答辩范围。对于不具备实操条件的工种或实操项目，可在征得主管部门同意的前提下，向技能等级评价业务管理机构提出申请，采用技能笔试等方式代替。考虑实训条件限制，如有必要，也可从省公司题库中选取考核项目。所选项目应与国家电网有限公司评价标准规定的某个职业功能相对应。在实际操作中可综合考虑项目难度、考查范围等，将全部实操项目均分为两组。参评人员从两组项目中各抽取一组参加考核。单个项目满分100分。对于设置多个考核项目的，总成绩取各项目的平均值，且各项目均超过60分方可判定通过技能考核。

（1）考核准备：考核前，完成考场布置、设备调试等工作，准备好专业技能考核工作所需的各类文字材料、若干数量的A4纸、签字笔、饮用水等。文字材料主要有签到表、考场工位分布表、考场记录表、评分表等。张贴专业技能考核考场工位分布表、考场标识和引导标示。

（2）抽签及候考：考务组、全体参评人员参加。每个工种考核内容固定为两组实操考核项目，分别为 A 组和 B 组。

考务组提前安排教室作为候考室，准备抽签顺序（与实际报到参评人员人数相同）、若干乒乓球和 1 个抽签箱，在乒乓球上用记号笔写组号、顺序号。组号分 A、B 两种。顺序号为 1 至参评人员人数 /2，进位法取整。A 组第 5 号写作 "A5"。

参评人员经过金属检测、身份证核对、签到等步骤后进入候考室，不得携带手机等通信工具，否则视为作弊。抽签前先履行工作票签发及安全交底签字制度，考务组再向参评人员讲解抽签规则，公示项目分组及编号情况。参评人员轮流抽签，将抽签顺序结果填到"抽签顺序结果确认表"中并签字确认，注意抽签过程中不要将已抽取的签放回抽签箱。待全部参评人员抽签结束后，考务人员统一将签放回箱内。

考务人员根据抽签结果安排参评人员参加考评。抽签结束后，候考室应至少留有 1 名考务人员，负责实操项目的参评叫号和引导工作。考点应建立候考室服务人员和考评现场服务人员的联系渠道（对讲机、微信群、电话等），抽签结束后，将抽签结果及时传递给考评现场服务人员。

（3）入场考核：每个技能实操项目安排考评员 3 名，设 1 名考评组组长，负责组织协调考评现场各项事宜。

考评员须提前到达考评现场，对现场准备情况进行最后核对。每个考评项目设置一名引导服务人员，负责与候考室考务人员联系叫号、参评人员身份信息核对、组织试卷和评分表等资料签字及发放等工作。

参评人员进入考场后，考评员作为实操现场安全第一责任人，先检查参评人员安全防护用品穿戴是否符合要求，将参评人员引导至指定的工位，现场进行工作任务安排和安全交底，交代现场危险点和安全措施，组织填写实训现场作业危险点防护措施卡。确保每一位参评人员都知晓工作任务、现场危险点和安全措施等并准备完毕后，考评人员开始计时考评。

实际操作考核采用现场评分形式。考评人员应做好现场评分记录，按评分标准评判，独立评分，同时负责考评现场的安全监护工作，确保考评安全。考核结束，考务人员核对、统计各项成绩。对于需要在完成现场操作后进行笔试的项目，考点应指定 1 名考务工作人员负责笔试监考工作。笔试完成后，试卷或答题纸交由考评员进行评分。

考评员进场后，除巡考组人员外，未经考评员许可，其他工作人员不得进入考场。当日实操考核结束后，考评员和考务人员清理现场，整理好评分表等相关考评资料，考务人员统计成绩并将其录入系统。

考试过程中，考评员将参评人员违反考场纪律的情况如实填入考场记录表，对严重违反考场纪律的参评人员，应及时报告巡视人员或考务组组长。

（4）成绩统计：考务组专人负责统分，对照专业技能考核评分表将成绩填入专业技能考核统分表，得出专业技能考核成绩，核对无误并签字确认后提交相应的专业技能考核考评小组，考评小组审核无误后填写评语，并进行签字确认，提交考务组汇总。

4.潜在能力考核

潜在能力考核满分100分，60分及其以上通过。每个考评小组3名考评员须独立进行打分，成绩取平均值。

潜在能力考核成绩由两部分构成：一是考评小组对申报人的专业技术总结做出评价，满分30分；二是对申报人进行潜在能力面试答辩，满分70分。

（1）专业技术总结评分。申报人撰写能反映本人实际工作情况和专业技能水平的技术总结，申报技师的专业技术总结不少于2 000字，申报高级技师的专业技术总结不少于3 000字。专业技术总结内容包括主持解决或主要参与解决的生产技术难题、技术革新或合理化建议取得的成果、传授技艺和提高经济效益等方面取得的成绩。

专业技术总结评分前，考务组2名专人对参评人员进行编号，打印参评人员编号表并签字确认，从参评人员档案袋中抽取封面和正文分开的3份专业技术总结，对照编号表将参评人员编号写在正文第一页右上角，去掉封面，按照编号顺序整理并妥善放置保管，用于专业技术总结评分工作。专业技能考核结束后，考评小组对申报人的专业技术总结做出评价，满分30分。每组3名考评员独立打分，取平均分作为专业技术总结得分。

考点提前准备一间教室，将已编号的参评人员专业技术总结分组摆放，打印足量的专业技术总结评分表，放置足量的红笔和A4纸。评分工作开始后，考评组统一评分标准和尺度。然后各小组按照分工对参评人员的专业技术总结进行审阅和评分，将成绩填入专业技术总结评分表并签字确认，在评分表右上角标注参评人员编号。评分表分数用红笔填写且不得涂改。评分工作结束后，考务人员对照参评人员编号表，将参评人员姓名、身份证号填到评分表上。

（2）潜在能力答辩安排。潜在能力答辩每人15分钟，首先参评人员就个人专业技术总结内容进行3分钟的口述汇报，然后考评小组采用一问一答的方式，对参评人员现场提问4道答辩题目，参评人员口头作答，其中2道题目为国家电网有限公司专业技能考核操作试题所涵盖的内容，2道为考评员结合参评人员专业技术总结进行的专业提问。

潜在能力答辩安排在技能考核后进行。潜在能力答辩满分70分。各考评员独立打分，取平均分作为参评人员成绩。

①考前安排。答辩前，考点提前准备答辩考场、候场区，准备好面试工作所需的各类文字材料、若干数量的A4纸、签字笔、饮用水等。文字材料主要有专业技术总结、答辩所需的各类表格（答辩人员签到表、潜在能力答辩评分记录表等）。张贴答辩考场分布表、考场标识和引导标示。

考评组组长组织召开潜在能力答辩考评会，全部考评员参会，会上统一商定各小组答辩方式方法、内容范围、评分规则等，统一各小组答辩难度及评判尺度。

②答辩准备。答辩当天，引导答辩人员进入候场区，组织答辩人员签到，屏蔽手机信号并上交手机等通信设备，维持候场区秩序。答辩开始后，考务人员按照考评员叫号顺序引导答辩人员入场。答辩结束后，提醒答辩人员离开考场。答辩人员不得在考场外逗留。答辩结束后，清点、回收考场各类资料。

考评组召开考前会，各考评小组组长抽签确定答辩室编号，按照抽签结果前往相应的答辩室等待答辩人员入场。答辩分组安排应严格执行回避制，考评员不得对同一单位答辩人员进行答辩。候考室考务人员依据考评员分组及答辩室安排，对参评人员分组情况做相应调整。

③答辩考核实施。

A.每个答辩室安排考评员3名，其中1名为小组组长。答辩人员入场后，简明扼要地阐述专业技术总结主要内容。考评组每人对答辩人员的汇报情况进行评分，将分数填入潜在能力答辩评分记录表，限时3分钟。

B.考评组进行现场提问，共有4道题目，逐一提问，答辩人员逐一作答。每名考评员根据答辩人员回答情况独立进行打分，将分数填入潜在能力答辩评分记录表，时间不超过12分钟。

C.考评小组汇总评分记录表，待全部答辩结束后统一将相关资料提交给考务人员。

④成绩统计。考务组专人负责统分，得出潜在能力考核成绩，核对无误并签字确认后提交相应的答辩考评小组，考评小组审核无误后进行签字确认，提交考务组汇总。

5.考评总结

考务组专人会同考评组进行成绩填报和综合评审材料整理，安排好教室，准备好相关成绩表、统分表及申报材料，根据参评人员数量将各类材料合理分配至每个考评小组。考评小组汇总各类材料，得出工作业绩评定成绩、专业知识考试成绩、专业技能考核成绩、潜在能力考核成绩。各考评小组组长监督考评员在技师申报表中填入各项成绩，并按要求签字确认，同时填写技师评价成绩统计表。将申报表和各类评分材料整理完毕后，按顺序装入档案袋中封存（一人一档），将其中单项成绩均合格且总成绩满75分人员的材料单独存放，为综合评审做好准备。将技师评价成绩统计表核对无误后签字确认，单独提交考务组专人进行统计。

技师综合成绩计算公式：

综合成绩 = 工作业绩评定成绩 × 10% + 专业知识考试成绩 × 20% + 专业技能考核成绩 × 50% + 潜在能力考核成绩 × 20%

考务组安排专人负责成绩统计工作，将成绩汇总录入各考评组提交的技师评价成绩统计表，确认无误后打印并签字确认，将电子版报人才评价中心审核。

考评组组长会同考评组成员撰写考评报告，并向考点提出评价意见。考务组组长召集全体考务组、考评组、监督巡考组、后勤保障组等工作组人员召开评价工作总结会，会上收集各阶段考评组对考场工作的意见，并提出对本场考试过程中发生的问题的处理意见；会后将有关考评资料归档。

6.综合评审

综合评审是对考生评价的全过程资料进行评审，由评价中心牵头，分工种成立综合评审组。综合评审全过程严谨、认真、公平、公正。

（1）评审专家选聘。综合评审组人数不少于5人，其中包含组长1名。参与综合评审的专家应具有高级技师技能等级或副高级及其以上职称。

（2）综合评审实施。

①召开综合评审会，组织评审专家进行评审规则学习，宣贯评审纪律，进行工作分工。

②资料评审：对参评人员的现工种、申报工种、工作年限、工作业绩及支撑材料、各环节考评结果等进行综合评价。若发现现岗位与申报工种不符、岗位性质为管理类、工作年限不足等申报资格问题及材料雷同、造假等情况，则进行多人复核，一经核实，一票否决。

③投票表决：组织所有评审专家逐一对参评人员采取不记名投票方式进行表决。三分之二及其以上评委同意视为通过评审。

④填写评审意见：评审通过后，评审组组长填写评审结果和意见。对于综合评审通过人员，评审组组长负责填写申报表"评审委员会评审意见"内容，填写意见参考"经评审委员会集体表决，该同志符合技师标准要求"，并准确记录评

委人数、出席人数及表决情况。

⑤汇总评审结果，评审组确认无误后进行签字。

（八）成绩统计上报

技能等级评价成绩统计是对技能等级评价成绩进行统计调查、统计分析，提供统计资料、统计咨询，实行统计监督，是技能等级评价结果的主要参考依据。

成绩统计是技能等级评价结果管理的重要环节。成绩统计重点是统计结果真实、计算方法统一、上报程序有据可查。下面主要对技能等级评价成绩统计上报管理方面的内容进行明确，主要参考了《国网山东省电力公司技能等级评价管理规范》《国家电网有限公司技能等级评价管理办法》《关于印发〈职业技能等级认定工作规程（试行）〉的通知》（人社职司便函〔2020〕17号）等文件。

1.成绩统计内容

技能等级评价成绩统计包括工作业绩评定成绩统计表、技能等级评价专业知识考试成绩统计表、技能等级评价专业技能考核成绩统计表、技能等级评价潜在能力考核成绩统计表、技能等级评价成绩汇总表。

2.成绩统计要求

（1）统计表应精简明确，分类合理，避免模糊、重复，统计项目、内容、口径和计算方法必须统一、完整，相互衔接。对于原始统计表中成绩改动处要做签字说明。

（2）评价基地要安排固定专责人员如实、准确、及时地完成成绩统计、录入工作，不得虚报、瞒报、拒报、迟报、伪报、篡改成绩等。

（3）技能等级评价成绩统计后，现场统计人要对原始成绩进行签字确认，考评人员对成绩进行复核、确认后签字。

（4）评价基地应于评价考核结束后3个工作日内完成各项成绩汇总。评价基地负责人对评价成绩汇总表进行审查、签字、盖章后，指定专人报送相应主管部门。

九、技能等级评价申报条件

（一）考核评价申报条件

具备以下条件之一者，可申报初级工：

（1）累计从事本职业（工种）或相关职业（工种）工作1年（含）以上。

（2）参加岗前培训，经考核合格的新入职人员。

具备以下条件之一者，可申报中级工：

（1）取得本职业（工种）或相关职业（工种）初级工技能等级后，累计从事本职业（工种）或相关职业（工种）工作4年（含）以上。

（2）累计从事本职业（工种）或相关职业（工种）工作6年（含）以上。

（3）技工学校及以上本专业或相关专业毕业，从事本职业（工种）或相关职业（工种）工作1年（含）以上。

具备以下条件之一者，可申报高级工：

（1）取得本职业（工种）或相关职业（工种）中级工技能等级后，累计从事本职业（工种）或相关职业（工种）工作5年（含）以上。

（2）大专及其以上本专业或相关专业毕业，并取得本职业（工种）或相关职业（工种）中级工技能等级后，累计从事本职业（工种）或相关职业（工种）工作2年（含）以上。

（3）取得电力工程系列助理工程师职称，且累计从事现岗位相对应职业（工种）工作3年（含）以上。

具备以下条件之一者，可申报技师：

（1）取得本职业（工种）或相关职业（工种）高级工技能等级后，累计从事本职业（工种）或相关职业（工种）工作4年（含）以上。

（2）高级技工学校、技师学院及以上本专业或相关专业毕业，并取得本职业（工种）或相关职业（工种）高级工技能等级后，累计从事本职业（工种）或相关职业（工种）工作3年（含）以上。

（3）取得电力工程系列工程师职称，且累计从事现岗位相对应职业（工种）工作6年（含）以上。

具备以下条件者，可申报新职业（工种）同等级别：持有技能等级证书，转至非相关职业（工种）岗位后，累计从事新岗位工作满2年，可申报转入岗位对应职业（工种）同等级别评价。

（二）直接认定条件

在职业技能竞赛中取得优异成绩的职工，可按规定晋升相应技能等级。申报人需履行申报和评审程序认定技能等级，但不参加相应考试或考核。具体的直接认定条件如下：

（1）国家一类职业技能大赛。对获各职业（工种）决赛前5名的选手，按相关规定晋升技师。对获各职业（工种）决赛第6～20名的选手，按相关规定晋升高级工；已具有高级工等级的，可晋升技师。

（2）国家二类职业技能竞赛或公司级技能竞赛。对获各职业（工种）决赛前

3名的选手，按相关规定晋升技师。对获各职业（工种）决赛第4～15名的选手，按相关规定晋升高级工；已具有高级工等级的，可晋升技师。

（3）省（自治区、直辖市）人社部门主办的职业技能竞赛。对获奖选手按竞赛奖励相关规定，可晋升技能等级。

（4）省公司级技能竞赛。对获各职业（工种）决赛前3名的选手，按相关规定晋升高级工；已具有高级工等级的，可晋升技师。对获各职业（工种）决赛第4～15名的选手，按相关规定晋升中级工；已具有中级工等级的，可晋升高级工。

十、技能等级考核评价方式及要点

技能等级考核评价方式及要点如表1-5所示。

表1-5 技能等级考核评价方式及要点

评价方式	评价要点	初级工	中级工	高级工	技师	通过条件
专业知识考试（100分）	1.评价要点：采用笔试或机考方式，重点考查基础知识、相关知识以及新标准、新技术、新技能、新工艺等理论知识 2.命题策略：考试组卷应实现知识点全覆盖，题量及难度严格按照评价标准执行，公司题库占比不低于60%，时长不少于90分钟 3.监考人员：专业知识考试监考人员与考生配比为1：15，每个标准教室有不少于2名监考人员	60%	50%	40%	30%	各项成绩达60分，且总成绩达75分
专业技能考核（100分）	1.评价要点：依据评价标准，重点考核执行操作规程、解决生产问题和完成工作任务的实际能力 2.命题策略：从公司题库或补充题库中随机抽取1～3项考核项目。时长不少于60分钟 3.评委组成：各单位成立考评小组，每职业（工种）的考评小组人数不少于3人（含组长1名）。考评员应具有相应考评员资格	40%	50%	50%	50%	

续　表

评价方式	评价要点	初级工	中级工	高级工	技师	通过条件
工作业绩评定（100分）	1.评价要点：采用专家评议方式，重点评定工作绩效、创新成果和实际贡献等工作业绩 2.评委组成：申报职工所在单位人力资源部门牵头成立工作业绩评定小组，评定小组人数不少于3人（含组长1名）	无	无	10%	10%	
潜在能力考核（100分）	1.评价要点：采用专业技术总结评分和现场答辩方式，重点考核创新创造、技术革新以及解决工艺难题的潜在能力 2.评委组成：各单位成立考评小组，每职业（工种）的考评小组人数不少于3人（含组长1名）。考评员须具有相应考评员资格	无	无	无	10%	
综合评审	1.评价要点：采用专家评议等方式，综合评审技能水平和业务能力 2.评委组成：各单位牵头成立综合评审组，每专业的综合评审组人数不少于5人（含组长1名）。评审人员应具有高级技师技能等级或副高级及其以上职称	无	无	无	必选	以无记名投票方式表决。三分之二及其以上评委同意视为通过评审

第二节　继电保护技师等级评价

一、继电保护技师等级评价标准

（一）技能等级评价要求

工种是根据劳动管理的需要，按照生产劳动的性质、工艺技术的特征或者服务活动的特点而划分的工作种类。

初级工：能够运用基本技能独立完成本职业的常规工作。

中级工：能够熟练运用基本技能独立完成本职业的常规工作；在特定情况下，

能够运用专门技能完成技术较为复杂的工作；能够与他人合作。

高级工：能够熟练运用基本技能和专门技能完成本职业较为复杂的工作，包括完成部分非常规性的工作；能够独立处理工作中出现的问题；能够指导和培训初、中级工。

技师：能够熟练运用专门技能和特殊技能；能完成本职业复杂的、非常规性的工作；掌握本职业的关键技术技能，能够独立处理和解决技术或工艺难题；在技术技能方面有创新；能够指导和培训初、中、高级工；具有一定的技术管理能力。

高级技师：能够熟练运用专门技能和特殊技能在本职业的各个领域完成复杂的、非常规性工作；熟练掌握本职业的关键技术技能，能够独立处理和解决高难度的技术问题或工艺难题；在技术攻关和工艺革新方面有创新；能够组织开展技术改造、技术革新活动；能够组织开展系统的专业技术培训；具有技术管理能力。

（二）继电保护技能等级评价能力总表

1.评价维度

根据工作任务分析结果，对岗位工作要项进行分析、分解和归类，得出基本知识、专业知识、相关知识、基本技能、专业技能、相关技能、职业素养七个评价维度。其中，基本知识、专业知识和相关知识属于知识类，基本技能、专业技能和相关技能属于技能类，职业素养属于素养类。

2.评价能力项

评价能力项是对评价维度中工作要项和工作业务的提炼，是对评价维度的再分解。

3.评价模块

知识类、素养类评价模块指提升技能人员职业能力过程中必须包含的相通、相近知识点的集合；操作类评价模块是指完成某单个操作工作或组合操作工作的完整项目，具备完整性和典型性。

表1-6是继电保护技能等级评价能力总表。

表1-6 继电保护技能等级评价能力总表

序号	评价维度	评价能力项							
		1	2	3	4	5	6	7	8
A	专业技能一：二次回路	二次回路的设计	二次回路的消缺	二次回路的改进	二次回路的异常及故障处理	二次回路的施工	二次回路的检查及验收		
B	专业技能二：保护、安自装置的安装、调试及维	线路保护装置的调试与检修	变压器保护装置的调试与检修	母线保护装置的调试与检修	保护屏柜的安装	其他保护装置的调试与检修	安全自动装置的调试与检修	辅助二次装置的调试与检修	
C	专业技能三：事故分析及二次设备异常处理	继电保护事故的预防	继电保护事故分析及诊断	继电保护设备的异常及故障处理	二次回路的异常及故障处理	直流接地异常处理	电网事故分析及研判		
D	专业技能四：智能变电站二次系统调试	智能变电站配置文件结构及配置方法	智能变电站单设备调试	智能变电站工程测试					
E	相关技能	变电站交直流、UPS设备的安装、调试与检修	厂站自动化设备调试与检修						
F	基本技能	二次安措票的编制与使用	安全用具的使用及触电急救	仪器仪表及工器具的使用	计算机操作	电气识、绘图	工作票的正确填写和使用		

续表

序号	评价维度	评价能力项							
		1	2	3	4	5	6	7	8
G	专业知识	智能变电站基本原理	二次回路原理及构成	变电站直流系统原理	电力系统故障分析	相关规程、规范及反事故措施	继电保护、安全自动装置原理及构成	整定计算基础	
H	相关知识	电网调度自动化系统基础	特高压电网及高压直流输电	高电压技术	电气运行	电气设备	电能计量	变电设备"五防"	通信传输原理
I	基本知识	电工基础	电子技术	电机学	计算机原理及数据通信基础	电力安全工作规程			
J	职业素养	法律法规	沟通协调与团队建设	企业文化	技能培训与传授技艺	电力应用文			

（三）继电保护技能等级评价技师能力评价标准

继电保护技师能力评价标准如表1-7所示。

表1-7 继电保护技师能力评价标准

序号	评价维度	维度分类	评价能力项	评价模块名称
1	专业技能一：二次回路	技能类	二次回路的设计	1 000 kV设备二次回路的设计
2	专业技能一：二次回路	技能类	二次回路的消缺	330 kV及其以上直流电源回路故障分析、处理
3	专业技能一：二次回路	技能类	二次回路的消缺	330 kV及其以上控制回路故障分析、处理
4	专业技能一：二次回路	技能类	二次回路的消缺	330 kV及其以上自动装置二次回路故障分析、处理

续 表

序号	评价维度	维度分类	评价能力项	评价模块名称
5	专业技能一：二次回路	技能类	二次回路的消缺	330 kV 及其以上信号回路故障分析、处理
6	专业技能一：二次回路	技能类	二次回路的消缺	330 kV 及其以上母线保护操作回路故障及异常处理
7	专业技能一：二次回路	技能类	二次回路的消缺	330 kV 及其以上故障录波装置及故障信息系统异常及处理
8	专业技能一：二次回路	技能类	二次回路的消缺	330 kV 及其以上保护间二次回路故障分析、处理
9	专业技能一：二次回路	技能类	二次回路的消缺	330 kV 及其以上变压器保护操作回路故障及异常处理
10	专业技能一：二次回路	技能类	二次回路的改进	750 kV 设备二次回路的改进
11	专业技能一：二次回路	技能类	二次回路的改进	1 000 kV 设备二次回路的改进
12	专业技能一：二次回路	技能类	二次回路的施工	1 000 kV 二次回路的施工
13	专业技能一：二次回路	技能类	二次回路的施工	500 kV 二次回路的施工
14	专业技能一：二次回路	技能类	二次回路的施工	750 kV 二次回路的施工
15	专业技能一：二次回路	技能类	二次回路的检查及验收	1 000 kV 设备复杂二次回路的检查及验收
16	专业技能一：二次回路	技能类	二次回路的检查及验收	220 kV 及其以下设备二次回路的检查及验收
17	专业技能一：二次回路	技能类	二次回路的检查及验收	750 kV 设备二次回路的检查及验收
18	专业技能二：保护、安自装置的安装、调试及维护	技能类	线路保护装置的调试与检修	220 kV 及其以下线路保护装置距离保护功能校验

续 表

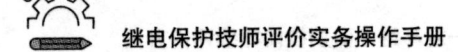

序号	评价维度	维度分类	评价能力项	评价模块名称
19	专业技能二：保护、安自装置的安装、调试及维护	技能类	线路保护装置的调试与检修	330 kV 及其以上线路保护装置纵联保护功能校验
20	专业技能二：保护、安自装置的安装、调试及维护	技能类	线路保护装置的调试与检修	330 kV 及其以上线路保护装置距离保护功能校验
21	专业技能二：保护、安自装置的安装、调试及维护	技能类	线路保护装置的调试与检修	220 kV 及其以下线路保护装置整组传动试验
22	专业技能二：保护、安自装置的安装、调试及维护	技能类	线路保护装置的调试与检修	330 kV 及其以上线路保护装置整组传动试验
23	专业技能二：保护、安自装置的安装、调试及维护	技能类	变压器保护装置的调试与检修	330 kV 及其以上主变保护纵联差动保护功能和制动曲线的校验
24	专业技能二：保护、安自装置的安装、调试及维护	技能类	变压器保护装置的调试与检修	220 kV 及其以下主变保护纵联差动保护功能校验
25	专业技能二：保护、安自装置的安装、调试及维护	技能类	变压器保护装置的调试与检修	330 kV 及其以上变压器保护装置分相差动保护功能校验
26	专业技能二：保护、安自装置的安装、调试及维护	技能类	变压器保护装置的调试与检修	330 kV 及其以上变压器保护装置故障查找与处理

续 表

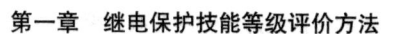

序号	评价维度	维度分类	评价能力项	评价模块名称
27	专业技能二：保护、安自装置的安装、调试及维护	技能类	其他保护装置的调试与检修	330 kV及其以上高抗微机保护装置调试的安全和技术措施
28	专业技能二：保护、安自装置的安装、调试及维护	技能类	安全自动装置的调试与检修	低频低压减负荷装置调试的安全和技术措施
29	专业技能二：保护、安自装置的安装、调试及维护	技能类	安全自动装置的调试与检修	330 kV及其以上安全稳定控制装置校验
30	专业技能二：保护、安自装置的安装、调试及维护	技能类	安全自动装置的调试与检修	330 kV及其以上安全稳定控制装置校验安全技术措施编制
31	专业技能二：保护、安自装置的安装、调试及维护	技能类	安全自动装置的调试与检修	220 kV及其以下安全稳定控制装置原理
32	专业技能二：保护、安自装置的安装、调试及维护	技能类	安全自动装置的调试与检修	安全稳定控制装置调试的安全和技术措施
33	专业技能二：保护、安自装置的安装、调试及维护	技能类	安全自动装置的调试与检修	330 kV及其以上安全稳定控制装置原理
34	专业技能二：保护、安自装置的安装、调试及维护	技能类	安全自动装置的调试与检修	安全稳定控制装置的调试

续 表

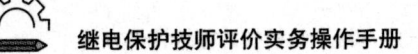

序号	评价维度	维度分类	评价能力项	评价模块名称
35	专业技能二：保护、安自装置的安装、调试及维护	技能类	辅助二次装置的调试与检修	220 kV 及其以下故障录波器装置调试的安全和技术措施
36	专业技能二：保护、安自装置的安装、调试及维护	技能类	辅助二次装置的调试与检修	330 kV 及其以上故障录波器装置调试的安全和技术措施
37	专业技能三：事故分析及二次设备异常处理	技能类	继电保护事故分析及诊断	220 kV 及其以下简单故障报文波形分析和诊断
38	专业技能三：事故分析及二次设备异常处理	技能类	继电保护事故分析及诊断	330 kV 及其以上继电保护事故处理的基本原则
39	专业技能三：事故分析及二次设备异常处理	技能类	继电保护事故分析及诊断	330 kV 及其以上简单故障报文波形分析和诊断
40	专业技能三：事故分析及二次设备异常处理	技能类	继电保护事故分析及诊断	220 kV 及其以下继电保护事故处理的基本原则
41	专业技能三：事故分析及二次设备异常处理	技能类	继电保护设备的异常及故障处理	220 kV 及其以下继电保护装置异常分析、处理
42	专业技能三：事故分析及二次设备异常处理	技能类	继电保护设备的异常及故障处理	330 kV 及其以上继电保护装置异常分析、处理
43	专业技能三：事故分析及二次设备异常处理	技能类	二次回路的异常及故障处理	220 kV 及其以下回路异常及故障处理
44	专业技能三：事故分析及二次设备异常处理	技能类	二次回路的异常及故障处理	330 kV 及其以上回路异常及故障处理

续 表

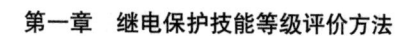

序号	评价维度	维度分类	评价能力项	评价模块名称
45	专业技能三：事故分析及二次设备异常处理	技能类	直流接地异常处理	220 kV 及其以下简单直流接地异常分析和处理
46	专业技能三：事故分析及二次设备异常处理	技能类	直流接地异常处理	330 kV 及其以上简单直流接地异常分析和处理
47	专业技能四：智能变电站二次系统调试	技能类	智能变电站配置文件结构及配置方法	330 kV 及其以上智能变电站配置文件结构
48	专业技能四：智能变电站二次系统调试	技能类	智能变电站配置文件结构及配置方法	220 kV 及其以下智能变电站配置文件结构
49	专业技能四：智能变电站二次系统调试	技能类	智能变电站单设备调试	220 kV 及其以下智能变电站对时、同步原理及测试技术
50	专业技能四：智能变电站二次系统调试	技能类	智能变电站单设备调试	330 kV 及其以上智能变电站对时、同步原理及测试技术
51	专业技能四：智能变电站二次系统调试	技能类	智能变电站工程测试	330 kV 及其以上 IEC 61850 标准在智能变电站的应用
52	专业技能四：智能变电站二次系统调试	技能类	智能变电站工程测试	220 kV 及其以下 IEC 61850 标准在智能变电站的应用
53	基本技能	技能类	二次安措票的编制与使用	二次安措票的审核
54	基本技能	技能类	工作票的正确填写和使用	变电站第一种工作票的审核
55	基本技能	技能类	工作票的正确填写和使用	变电站第二种工作票的审核
56	专业知识	知识类	智能变电站基本原理	IEC 61850 系列变电站通信网络和系统

续　表

序号	评价维度	维度分类	评价能力项	评价模块名称
57	专业知识	知识类	智能变电站基本原理	站控层设备原理
58	专业知识	知识类	智能变电站基本原理	智能变电站一体化监控系统
59	专业知识	知识类	二次回路原理及构成	信号回路分析
60	专业知识	知识类	电力系统故障分析	电力系统复杂故障计算
61	专业知识	知识类	电力系统故障分析	电力系统复杂故障计算例析
62	相关知识	知识类	电网调度自动化系统基础	调度自动化系统的结构与组成
63	相关知识	知识类	特高压电网及高压直流输电	特高压直流输电设备的保护配置
64	相关知识	知识类	特高压电网及高压直流输电	特高压直流输电设备的保护原理
65	相关知识	知识类	特高压电网及高压直流输电	特高压直流输电一次设备的构成
66	相关知识	知识类	特高压电网及高压直流输电	特高压直流输电一次设备的原理
67	相关知识	知识类	特高压电网及高压直流输电	中国特高压电网基本原理
68	相关知识	知识类	高电压技术	变电站内避雷器的保护
69	相关知识	知识类	高电压技术	变电站的进线段保护
70	相关知识	知识类	高电压技术	变压器的防雷保护
71	相关知识	知识类	高电压技术	变压器的中性点保护
72	相关知识	知识类	高电压技术	直击雷保护
73	相关知识	知识类	电气运行	中性点经消弧线圈接地的三相系统
74	相关知识	知识类	电气设备	高压断路器的操动机构

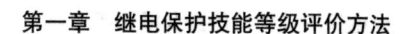

续 表

序号	评价维度	维度分类	评价能力项	评价模块名称
75	相关知识	知识类	电气设备	自动重合器与自动分段器
76	相关知识	知识类	电能计量	电能量采集设备原理
77	相关知识	知识类	电能计量	电量采集主站系统
78	相关知识	知识类	变电设备"五防"	"五防"的作用
79	相关知识	知识类	变电设备"五防"	传统电气"五防"原理及应用
80	相关知识	知识类	变电设备"五防"	微机"五防"的原理与应用
81	相关知识	知识类	通信传输原理	电力系统通信原理
82	相关知识	知识类	通信传输原理	SDH的传输及自愈原理
83	相关知识	知识类	通信传输原理	PCM编码原理
84	相关知识	知识类	通信传输原理	光通信原理
85	基本知识	知识类	电工基础	不对称三相电压和电流的对称分量
86	基本知识	知识类	电工基础	换路定律与初始值的计算
87	基本知识	知识类	电工基础	直流电桥
88	基本知识	知识类	电工基础	差动放大电路
89	基本知识	知识类	电工基础	场效应管放大电路
90	基本知识	知识类	电工基础	串联型直流稳压电源
91	基本知识	知识类	电子技术	放大电路的动态分析
92	基本知识	知识类	电子技术	放大电路的静态分析
93	基本知识	知识类	电子技术	放大电路的频率特性
94	基本知识	知识类	电子技术	放大电路中的负反馈

续 表

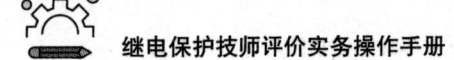

序号	评价维度	维度分类	评价能力项	评价模块名称
95	基本知识	知识类	电子技术	互补对称功率放大电路
96	基本知识	知识类	电子技术	静态工作点的稳定
97	基本知识	知识类	电子技术	开关型直流稳压电源
98	基本知识	知识类	电子技术	无源逆变电路
99	基本知识	知识类	电子技术	有源逆变应用电路
100	基本知识	知识类	电子技术	运算放大器在波形产生方面的应用
101	基本知识	知识类	电子技术	运算放大器在信号处理方面的应用
102	基本知识	知识类	电子技术	运算放大器在信号运算方面的应用
103	基本知识	知识类	电子技术	阻容耦合多级放大电路
104	基本知识	知识类	电子技术	组合逻辑电路的设计
105	基本知识	知识类	电机学	变压器并列运行条件
106	基本知识	知识类	电机学	变压器的突然短路电流
107	基本知识	知识类	电机学	三相变压器的磁路系统
108	基本知识	知识类	电机学	三相变压器绕组的连接法
109	基本知识	知识类	电机学	三相绕组连接方式和铁芯结构形式对电动势波形的影响
110	基本知识	知识类	计算机原理及数据通信基础	单片机外部扩展功能
111	职业素养	素养类	法律法规	安全生产监督管理
112	职业素养	素养类	法律法规	安全生产事故调查规程
113	职业素养	素养类	法律法规	供用电合同

续 表

序号	评价维度	维度分类	评价能力项	评价模块名称
114	职业素养	素养类	沟通协调与团队建设	协调的原则和工作方法
115	职业素养	素养类	企业文化	"两个替代"与能源革命
116	职业素养	素养类	企业文化	能源发展规律
117	职业素养	素养类	技能培训与传授技艺	成人教育心理基本理论
118	职业素养	素养类	技能培训与传授技艺	培训考核设计
119	职业素养	素养类	技能培训与传授技艺	人力资源开发与培训
120	职业素养	素养类	技能培训与传授技艺	组织实训
121	职业素养	素养类	电力应用文	会议记录
122	职业素养	素养类	电力应用文	通讯

二、继电保护技师等级评价方式

(一)继电保护技师技能等级评价方式

技师技能等级评价方式分为考核评价和直接认定两种。考核评价是指公司对符合申报条件且通过考试考核的职工，确认相应技能等级。直接认定是指公司对在职业技能竞赛中取得优异成绩的职工，免除考试考核要求，直接认定相应技能等级。

继电保护技师等级评价包括工作业绩评定、专业知识考试、专业技能考核、潜在能力考核、综合评审等。

1. 工作业绩评定

申报人所在单位人力资源部门牵头成立工作业绩评定小组，对申报人的安全生产情况、日常工作态度、取得的工作成就、工作业绩等进行评定。工作业绩评定重点评定工作绩效、创新成果和实际贡献等工作业绩，满分100分。评定小组签署意见，人力资源部门审核后盖章。评定小组人数不少于3人（含组长1名）。

2.专业知识考试

专业知识考试采用机考或笔试方式，重点考查基础知识、相关知识以及新标准、新技术、新技能、新工艺等知识。

考核方式及时长：继电保护技师等级评价专业知识考试采用网络大学闭卷考试方式，满分100分，单选题100道，每题0.4分，多选题60道，每题0.8分，判断题40道，每题0.3分，考试时限为90分钟。

命题及组卷：采用封闭命题方式。命题过程应符合技能等级评价保密规定，按照以下要求执行：

每职业（工种）每等级命题专家不少于2人。命题专家应在本专业领域具备一定的权威性。

试题来源包括公司统一编制的技能等级评价题库（以下简称"公司题库"），各单位根据地域、专业和岗位差异自行编制的补充题库（以下简称"补充题库"），以及专家封闭过程中现场命题。

技师等级专业知识考试中，从公司题库中抽取的题目总分值不少于60分，专家现场命题的题目总分值不少于10分。

高级工及其以下等级专业知识考试可全部从公司题库及补充题库中抽取题目，也可加入专家现场命题。

考试地点及监考要求：专业知识考试应在计算机机房中进行，监考人员与考生配比不低于1∶15，且每个考场的监考人员不少于2名。

3.专业技能考核

专业技能考核采用实操考核方式，重点考核执行操作规程、解决生产问题和完成工作任务的实际能力。

考核方式及时长：专业技能考核满分100分，采用实操方式进行，由评价中心牵头或授权成立考核小组组织实施，考核时限严格按相应评价标准要求执行。

考核内容：专业技能考核从公司题库或补充题库中随机抽取1～3个考核项目。对于设置多个考核项目的，各考核项目应与评价标准中规定的不同职业功能相对应。

考核地点及监考要求：专业技能考核应在具有相应实训设备、仿真设备的实习场所或生产现场进行。考评员应为3人及其以上单数，依据评分记录表进行独立打分，取平均分作为考生成绩。对于设置多个考核项目的，每个考核项目均应达到60分及其以上。

4.潜在能力考核

潜在能力考核采用专业技术总结评分和现场答辩方式，重点考核创新创造、技术革新以及解决工艺难题的潜在能力。各单位成立考评小组，每职业（工种）考评小组人数不少于3人（含组长1名）。潜在能力考核成绩由两部分构成：一是考评小组对申报人的专业技术总结做出评价，满分30分；二是对申报人进行潜在能力面试答辩，满分70分。潜在能力考核满分100分，各考评员独立打分，取平均分作为考生成绩。

5.评价结果认定

技师等级评价总成绩按工作业绩评定占10%、专业知识考试占20%、专业技能考核占50%、潜在能力答辩占20%的比例计算汇总，各项评价成绩60分及其以上且总成绩75分及其以上者进入综合评审阶段。

6.综合评审

综合评审采用专家评议方式，综合评审参评人员的技能水平和业务能力。评价中心牵头，分工种成立综合评审组，对参评人员提交的业绩支撑材料、专业技术总结、各环节考评结果等进行综合评价，采取不记名投票方式进行表决，三分之二及其以上评委同意视为通过评审。每专业综合评审组人数不少于5人（含组长1名），评委应具有高级技师技能等级或副高级及其以上职称。

（二）继电保护技师工作业绩评定实施

对于晋级评价，工作业绩评定主要评定申报人取得现技能等级后在安全生产和技能工作中取得的业绩；对于同级转评，工作业绩评定主要评定申报人转至现岗位后在安全生产和技能工作中取得的业绩。

申报人所在单位人力资源部门牵头成立工作业绩评定小组，对申报人的安全生产情况、日常工作态度、取得的工作成就、工作业绩等进行评定。工作业绩评定重点评定工作绩效、创新成果和实际贡献等工作业绩，满分100分。评定小组签署意见，人力资源部门审核后盖章。评定小组人数不少于3人（含组长1名）。

根据评价实施需要，编制继电保护技师等级评价工作业绩评定表（表1-8）：

表1-8　继电保护技师等级评价工作业绩评定表

考核项目	标准分	考核内容	分项最高分	实际得分	备注
安全生产	25分	三年内对重大设备损坏、人身伤亡事故无直接责任 发现事故隐患，避免事故发生或扩大（主要人员）	15分		
		遵守安全工作规程，没有安全生产违规现象	8分		
		获得安全生产荣誉称号	2分		
工作成就	65分	自参加工作之日起至今无任何事故	7分		
		技术革新、设备改造取得显著经济效益（主持或主要人员）	4分		
		发现并正确处理重大设备隐患（主要人员）	10分		
		参加或承担重大工程项目、设备运行调试（主要人员）	4分		
		在解决技术难题方面起到骨干带头作用	5分		
		传授技艺、技能培训成绩显著	20分		
		组织或参加编写重要技术规范、规程	10分		
		工作中具有团结协作精神，有较强的组织协调能力	5分		
工作态度	10分	自觉遵守劳动纪律、各项规章制度	6分		
		对工作有较强的责任感，努力钻研技术、开拓创新	4分		
		合计			
业绩评定小组评语		组长（签字）：　　　　　年　月　日			
申报人所在单位意见		人资部门（章） 人资部门负责人（签字）：　　　　　年　月　日			

（三）继电保护技师等级评价项目

1.继电保护技师技能等级能力知识评价权重

继电保护技师技能等级能力知识评价权重如表1-9所示。

表1-9 继电保护技师技能等级能力知识评价权重

项目	内容	权重
基本知识	电工基础	4%
	电子技术	1%
	电机学	5%
	计算机原理及数据通信基础	3%
	电力安全工作规程	3%
专业知识	电力系统故障分析	10%
	相关规程、规范及反事故措施	13%
	继电保护、安全自动装置原理及构成	15%
	整定计算基础	2%
	二次回路原理及构成	15%
	变电站直流系统原理	5%
	智能变电站基本原理	15%
相关知识	电气设备	2%
	电气运行	1%
	高电压技术	0.5%
	电能计量	0.5%
	变电设备"五防"	0.5%
	电网调度自动化系统基础	0.5%
	通信传输原理	0.5%
	特高压电网及高压直流输电	0.5%

续 表

项目	内容	权重
职业素养	法律法规	1%
	企业文化	0.5%
	沟通技巧与团队建设	0.5%
	电力应用文	0.5%
	技能培训和传授技艺	0.5%
合计		100%

2.继电保护技师技能等级能力操作评价权重

继电保护技师技能等级能力操作评价权重如表1-10所示。

表1-10 继电保护技师技能等级能力操作评价权重

项目	内容	权重
基本技能	计算机操作	1%
	仪器仪表及工器具的使用	1%
	电气识、绘图	4%
	安全用具的使用及触电急救	4%
	工作票的正确填写和使用	2%
	二次安措票的编制与使用	6%
相关技能	变电站交直流、UPS设备的安装、调试与检修	2%
	厂站自动化设备调试与检修	2%
专业技能一：二次回路工作	二次回路的施工	4%
	二次回路的检查及验收	5%
	二次回路的设计	4%
	二次回路的消缺	4%
	二次回路的改进	4%

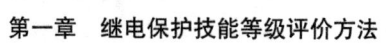

续　表

项目	内容	权重
专业技能二：保护、安自装置的安装、调试和维护	保护屏柜的安装	1%
	线路保护装置的调试与检修	5%
	变压器保护装置的调试与检修	5%
	母线保护装置的调试与检修	5%
	其他保护装置的调试与检修	5%
	安全自动装置的调试与检修	3%
	辅助二次装置的调试与检修	3%
专业技能三：事故分析及二次设备异常处理	继电保护事故的预防	3%
	继电保护事故分析及诊断	3%
	继电保护设备的异常及故障处理	3%
	二次回路的异常及故障处理	3%
	直流接地异常处理	4%
	电网事故分析及研判	2%
专业技能四：智能变电站二次系统调试	智能变电站配置文件结构及配置方法	4%
	智能变电站单设备调试	4%
	智能变电站工程测试	4%
合计		100%

第二章　继电保护技师评价学习要点

本章结合继电保护技师等级评价标准，明确继电保护技师所应掌握的技术理论知识和技能操作能力评价要求，围绕理论知识及技能训练，提炼出继电保护技师评价学习要点，帮助读者掌握继电保护技师技能等级评价各项考核要求。本章模拟真实技能等级考试，重点阐述继电保护技师评价的理论考试要点、面试答辩题案例、线路保护技能实操题案例、变压器保护技能实操题案例、母线保护技能实操题案例等，为各位电网工作人员提供参考。

第一节　客观题

一、基础理论

（一）单选题

1. 纯电感、电容串联回路发生谐振时，其串联回路的视在阻抗等于（　　）。
A. 无穷大　B. 零　C. 电源阻抗　D. 谐振回路中的电抗

2. 某三角形网络 LMN 的支路阻抗（Z_{LM}、Z_{MN}、Z_{LN}）均为 Z，变换为星形网络 LMN-O，其支路阻抗（Z_{LO}、Z_{MO}、Z_{NO}）均为（　　）。
A. 3Z　B. Z/3　C. Z　D. 9Z

3. 一组对称相量 α、β、γ 按逆时针方向排列，彼此相差 120°，称为（　　）分量。
A. 正序　B. 负序　C. 零序　D. 不确定

4. 大接地电流系统与小接地电流系统划分标准之一是零序电抗 X_0 与正序电抗 X_1 的比值满足 X_0/X_1（　　）且 $R_0/X_1 \leq 1$ 的系统属于大接地电流系统。
A. 大于 5　B. 小于 3　C. 小于或等于 3　D. 大于 3

5. 我国 220 kV 及以上系统的中性点均采用（　　）。

A. 直接接地方式　　　　　　　　B. 经消弧圈接地方式

C. 经大电抗器接地方式　　　　　D. 经小电阻接地方式

6. 小电流配电系统的中性点经消弧线圈接地，普遍采用（　　）。

A. 全补偿　　B. 过补偿　　C. 欠补偿　　D. 零补偿

7. 中性点经消弧线圈接地后，若单相接地故障的电流呈感性，此时的补偿方式为（　　）。

A. 全补偿　　B. 过补偿　　C. 欠补偿　　D. 零补偿

8. 某 500 kV 线路长 100 km，空载运行情况下其末端电压比首端电压（　　）。

A. 高　　B. 低　　C. 相同　　D. 不确定

9. 某三相输电线路的自感阻抗为 Z_L，互感阻抗为 Z_M，则正确的是（　　）式。

A. $Z_0=Z_L+Z_M$　　B. $Z_1=Z_L+Z_M$　　C. $Z_0=Z_L-Z_M$　　D. $Z_0=Z_L+2Z_M$

10. 继电保护（　　）要求在设计要求它动作的异常或故障状态下，能够准确地完成动作。

A. 灵敏性　　B. 可靠性　　C. 选择性　　D. 快速性

11. （　　）是为补充主保护和后备保护的性能或当主保护和后备保护退出运行而增加的简单保护。

A. 异常运行保护　　B. 辅助保护　　C. 失灵保护　　D. 断路器保护

12. 有名值、标幺值和基准值之间的关系是（　　）。

A. 有名值 = 标幺值 × 基准值　　　　B. 标幺值 = 有名值 × 基准值

C. 基准值 = 标幺值 × 有名值　　　　D. 基准值 = 标幺值 × 额定值

13. 输电线路中某一侧的潮流是送有功，受无功，其电压超前电流为（　　）。

A. 0°～90°　　　　　　　　　　B. 90°～180°

C. 180°～270°　　　　　　　　　D. 270°～360°

14. 在大接地电流系统中，单相接地故障的电压分布规律是（　　）。

A. 正序电压、负序电压、零序电压越靠近电源数值越高

B. 正序电压、负序电压越靠近电源数值越高，零序电压越靠近短路点越高

C. 正序电压越靠近电源数值越高，负序电压、零序电压越靠近短路点越高

D. 正序电压、零序电压越靠近电源数值越高，负序电压越靠近短路点越高

15. 系统发生两相短路时，关于短路点距母线远近与母线上负序电压值的关系，下列描述正确的是（　　）。

A. 与故障点的位置无关　　　　　B. 故障点越远，负序电压越高

C. 故障点越近，负序电压越高　　D. 不确定

（二）多选题

1. 电力系统振荡时，两侧等值电动势夹角 δ 做 0°～360° 变化，其电气量变化特点为（　　）。

　　A. 离振荡中心越近，电压变化越大

　　B. 测量阻抗中的电抗变化率大于电阻变化率

　　C. 测量阻抗中的电阻变化率大于电抗变化率

　　D. δ 偏离 180° 愈大，测量阻抗变化率愈小

2. 超高压输电线单相接地两侧保护动作单相跳闸后，故障点有潜供电流，潜供电流大小与多种因素有关，正确的是（　　）。

　　A. 与线路电压等级有关　　　　B. 与线路长度有关

　　C. 与负荷电流大小有关　　　　D. 与故障点位置有关

3. 下列（　　）故障将出现负序电压。

　　A. 单相接地　B. AB 相间短路　C. 三相短路

4. 大接地电流系统中，线路发生经弧光电阻的两相短路故障时，存在（　　）分量。

　　A. 正序　B. 负序　C. 零序

5. 电网继电保护的整定应满足速动性、选择性和灵敏性要求。如果由于电网运行方式、装置性能等，不能兼顾该要求，则应在整定时合理地进行取舍，优先考虑灵敏性并执行如下原则（　　）。

　　A. 局部电网服从整个电网

　　B. 下一级电网服从上一级电网

　　C. 局部问题自行处理

　　D. 尽量满足局部电网和下级电网的需要

6. 系统发生振荡时，（　　）可能发生误动作。

　　A. 电流差动保护　B. 零序电流保护　C. 电流速断保护　D. 距离保护

7. 以下运行方式中，允许保护适当牺牲部分选择性的有（　　）。

　　A. 线路—变压器组接线　　　　B. 预定的解列线路

　　C. 多级串联供电线路　　　　　D. 一次操作过程中

8. 接地距离继电器的测量阻抗，在下面哪些情况下该继电器能正确测量（　　）。

　　A. 空载线路首端　　　　　　　B. 系统振荡

　　C. 单电源线路末端　　　　　　D. 线路 B 相断线

9.下列关于单相接地短路、两相接地短路、两相短路、三相短路说法正确的是（　　）。

A.不管是何种类型的短路，越靠近故障点正序电压越低，而负序电压和零序电压则越靠近故障点数值越大

B.母线上正序电压下降最多的是三相短路故障

C.两相接地短路时，母线正序电压的下降没有两相短路大

D.正序电压下降最少的是单相接地短路

10.影响光纤电流差动保护性能的因素有（　　）。

A.TA传变特性　B.分布电容电流　C.TV传变特性　D.故障暂态过程

（三）判断题

1.我国电力系统中性点有3种接地方式：①中性点直接接地；②中性点经间隙接地；③中性点不接地。（　　）

2.我国规定 $X_0/X_1 \leqslant 4 \sim 5$ 的系统为大接地电流系统，$X_0/X_1 > 3$ 的系统为小接地电流系统。（　　）

3.在我国，系统零序电抗 X_0 与正序电抗 X_1 的比值是大接地电流系统与小接地电流系统的划分标准。（　　）

4.在我国110 kV及其以下电压等级的电网中，中性点采用中性点不接地方式或经消弧线圈接地方式，这种系统称为小接地电流系统。（　　）

5.中性点经消弧线圈接地系统采用过补偿方式时，由于接地点的电流是感性的，熄弧后故障相电压恢复速度加快。（　　）

6.振荡时，系统任何一点电流与电压之间的角度是基本不变的；而短路时，电流与电压之间的相位由阻抗角决定。（　　）

7.电力系统对继电保护最基本的要求是它的可靠性、选择性、快速性和灵敏性。（　　）

8.快速切除线路和母线的短路故障是保持电力系统静态稳定的重要手段。（　　）

9.继电保护动作速度愈快愈好，灵敏度愈高愈好。（　　）

10.发生各种不同类型短路时，故障点电压各序对称分量的变化规律是，三相短路时，正序电压下降最多，单相短路时，正序电压下降最少。不对称短路时，负序电压和零序电压越靠近故障点数值越大。（　　）

11.线路发生两相短路时，短路点处正序电压与负序电压的关系为 $U_{K1} > U_{K2}$。（　　）

12. 发生各种不同类型短路时，电压各序对称分量的变化规律是，三相短路时，母线上正序电压下降得最多，单相短路时，正序电压下降最少。（   ）

13. 正序电压越靠近故障点数值越小，负序电压和零序电压越靠近故障点数值越大。（   ）

14. 在双侧电源线路上，短路点的零序电压始终是最低的，短路点的正序电压始终是最高的。（   ）

15. 对于正、负序电压而言，越靠近故障点其数值越小；而零序电压越靠近故障点数值越大。（   ）

二、线路保护

（一）单选题

1. 某单回超高压输电线路 A 相瞬时故障发生，两侧保护动作跳 A 相开关，线路转入非全相运行，当两侧保护取用线路侧 TV 时，就两侧的零序方向元件来说，正确的是（   ）。

A. 两侧的零序方向元件肯定不动作

B. 两侧的零序方向元件肯定动作

C. 两侧的零序方向元件的动作情况视传输功率方向、传输功率大小而定，可能一侧处于动作状态，另一侧处于不动作状态

D. 两侧的零序方向元件可能一侧处于动作状态，另一侧处于不动作状态，或两侧均处于不动作状态，这与非全相运行时的系统综合零序阻抗、综合正序阻抗相对大小有关

2. 确保 220 kV 及 500 kV 线路单相接地时线路保护能可靠动作，允许的最大过渡电阻值分别是（   ）。

A.100Ω 100Ω　　B.100Ω 200Ω　　C.100Ω 300Ω　　D.100Ω 150Ω

3. 某超高压输电线零序电流保护中的零序方向元件的零序电压取自线路侧 TV 二次。当两侧 A 相断开线路处非全相运行期间，测得该侧零序电流为 240 A，下列说法正确的是（   ）。

A. 零序方向元件是否动作取决于线路有功功率、无功功率的流向及其功率因数的大小

B. 零序功率方向元件肯定不动作

C. 零序功率方向元件肯定动作

D. 零序功率方向元件动作情况不明，可能动作，也可能不动作，与电网具体

结构有关

4.高压线路单相接地故障发生,单相跳闸后,重合闸时间的整定比相间故障三相跳闸后重合闸时间整定长,这是由于( )。

A.有接地电阻的影响　　　　　B.潜供电流的影响
C.接地电流大的影响　　　　　D.电容电流的影响

5.110 kV 某一条线路发生两相接地故障,该线路保护所测的正序和零序功率的方向是( )。

A.均指向线路　　　　　　　　B.零序指向线路,正序指向母线
C.正序指向线路,零序指向母线　D.均指向母线

6.系统发生振荡时,( )最可能发生误动作。

A.电流差动保护　　　　　　　B.零序电流保护
C.相电流保护　　　　　　　　D.暂态方向纵联保护

7.发生交流电压二次回路断线后不可能误动的保护为( )。

A.距离保护　B.差动保护　C.零序电流方向保护　D.相电流保护

8.在大接地电流系统中,线路始端发生两相金属性接地短路,零序方向电流保护中的方向元件将( )。

A.因短路相电压为零而拒动
B.因感受零序电压最大而灵敏动作
C.因零序电压为零而拒动
D.因零序电流为零而拒动

9.在电路中某测试点的功率 P 和标准比较功率 $P_0=1$ mW 之比取常用对数的10倍,称为该点的( )。

A.电压电平　B.功率电平　C.功率绝对电平　D.功率相对电平

10.对于国产微机型距离保护,如果定值整定为Ⅰ、Ⅱ段经振荡闭锁,Ⅲ段不经振荡闭锁,则当在Ⅰ段保护范围内发生单相故障,且0.3 s之后,发展成三相故障,此时将由距离保护( )切除故障。

A.Ⅰ段　B.Ⅱ段　C.Ⅲ段　D.Ⅳ段

11.电力系统振荡时,若振荡中心在本线内,三段阻抗元件的工作状态是( )。

A.周期性地动作及返回　　　　B.不会动作
C.一直处于动作状态　　　　　D.一直处于返回状态

12.距离保护振荡闭锁使用( )方法。

A. 由大阻抗圆至小阻抗圆的动作时差大于设定时间值即进行闭锁

B. 由故障启动对Ⅰ、Ⅱ段短时开放，之后发生故障需经振荡闭锁判别后动作

C. 整组靠负序与零序电流分量启动

D. 振荡闭锁启动后，应在振荡平息后维持振荡

13. 下列对线路距离保护振荡闭锁控制原则的描述错误的是（　　）。

A. 单侧电源线路的距离保护不应经振荡闭锁

B. 双侧电源线路的距离保护必须经振荡闭锁

C. 35 kV 及其以下的线路距离保护不考虑系统振荡误动问题

D. 振荡闭锁启动后，应在振荡平息后自动复归

14. 防止距离保护因电压互感器二次失压误动作的有效措施是（　　）。

A. 电流启动

B. 电压断线闭锁

C. 电流启动和电压断线闭锁保护并延时发信号

D. 电流和电压突变启动

15. 运行中的距离保护装置发生交流电压断线故障且信号不能复归时，应要求运行人员首先（　　）。

A. 通知并等候保护人员现场处理，值班人员不必采取任何措施

B. 停用保护并向调度汇报

C. 汇报调度，等候调度命令

D. 申请调度强送

（二）多选题

1. 某条 220 kV 输电线路保护安装处的零序方向元件的零序电压由母线电压互感器二次电压的自产方式获取。对正向零序方向元件来说，当该线路保护安装处 A 相断线时，下列说法正确的是（　　）。

A. 断线前送出 $80-j80$ MVA 时，零序方向元件动作

B. 断线前送出 $80+j80$ MVA 时，零序方向元件动作

C. 断线前送出 $-80-j80$ MVA 时，零序方向元件动作

D. 断线前送出 $-80+j80$ MVA 时，零序方向元件动作

2. 距离保护振荡闭锁中的相电流元件的动作电流应满足如下条件（　　）。

A. 应躲过最大负荷电流

B. 在本线末短路故障发生时，应有足够的灵敏度

C. 应躲过振荡时通过的最大电流

D. 应躲过突变量元件最大的不平衡输出电流

3. MN 线路上装设了超范围闭锁式方向纵联保护，若线路 M 侧的结合滤波器的放电间隙击穿，则可能出现的结果是（　　）。

A. MN 线路上发生短路故障时，保护拒动

B. MN 线路外部发生短路故障，两侧保护误动

C. N 侧线路外部发生短路故障，M 侧保护误动

D. M 侧线路外部发生短路故障，N 侧保护误动

4. 某超高压单相重合闸方式的线路的接地保护第Ⅱ段动作时限应考虑（　　）。

A. 与相邻线路接地Ⅰ段动作时限配合

B. 与相邻线路选相拒动三相跳闸时间配合

C. 与相邻线断路器失灵保护动作时限配合

D. 与单相重合闸周期配合

5. 继电保护装置中采用正序电压作极化电压有以下优点（　　）。

A. 故障后各相正序电压的相位与故障前的相位基本不变，与故障类型无关，易取得稳定的动作特性

B. 除了出口三相短路以外，正序电压幅值不为零

C. 可增加保护动作时间

D. 可提高动作灵敏度

6. 不需要考虑振荡闭锁的继电器有（　　）。

A. 极化量带记忆的阻抗继电器　　B. 工频变化量距离继电器

C. 多相补偿距离继电器　　　　　D. 序分量距离继电器

7. 过渡电阻对单相阻抗继电器（Ⅰ类）的影响有（　　）。

A. 稳态超越　B. 失去方向性　C. 暂态超越　D. 振荡时中发生误动

8. 电力系统发生全相振荡时，（　　）不会发生误动。

A. 阻抗元件　　　　　　　　　　B. 分相电流差动元件

C. 电流速断元件　　　　　　　　D. 零序电流速断元件

9. 在检定同期、检定无压重合闸装置中，下列做法正确的是（　　）。

A. 只能投入检定无压或检定同期继电器的一种

B. 两侧都要投入检定同期继电器

C. 两侧都要投入检定无压和检定同期的继电器

D. 只允许有一侧投入检定无压的继电器

10. 重合闸的工作方式有（　　）。

A. 综合重合闸方式　　　　　　B. 单相重合闸方式

C. 三相重合闸方式　　　　　　D. 停用重合闸方式

11. 继电保护常用的选相元件有（　　）。

A. 阻抗选相元件　　　　　　　B. 突变量差电流选相元件

C. 电流相位比较选相元件　　　D. 相电流辅助选相元件

12. 对于采用单相重合闸的线路，潜供电流的消弧时间决定于多种因素：它除了与故障电流的大小及持续时间、线路的绝缘条件、风速、空气湿度或雾的影响等有关以外，主要决定于（　　）和（　　）的相位关系。

A. 潜供电流的大小　　　　　　B. 潜供电流与恢复电压

C. 潜供电流的角度　　　　　　D. 潜供电流与恢复电压的角度

13. 距离保护克服"死区"的方法有（　　）。

A. 记忆回路　　　　　　　　　B. 引入非故障相电压

C. 潜供电流　　　　　　　　　D. 引入抗干扰能力强的阻抗继电器

14. 距离保护装置一般由以下部分组成（　　）。

A. 测量部分　　　　　　　　　B. 启动部分

C. 振荡闭锁部分　　　　　　　D. 二次电压回路断线失压闭锁部分

15. 影响阻抗继电器正确测量的因素有（　　）。

A. 故障点的过渡电阻

B. 保护安装处与故障点之间的助增电流和汲出电流

C. 测量互感器的误差

D. 电压回路断线

（三）判断题

1. 某超高压线路一侧（甲侧）设置了串补电容，且补偿度较大。当在该串联补偿电容背后线路侧发生单相金属性接地时，该线路甲侧的正向零序方向元件不会有拒动现象（零序电压取自母线 TV 二次）。（　　）

2. 某线路光纤分相电流差动保护、信号传送通过 PCM 设备采用数字复接方式（经 64 kbit/s 接口），此时时钟应设为外时钟主从方式。（　　）

3. 某接地距离保护，零序电流补偿系数为 0.617，现错设为 0.8，则该接地距离保护区缩短。（　　）

4. 超范围允许式距离保护，正向阻抗定值为 8 Ω，因不慎错设为 2 Ω，则其后果可能是区内故障误动。（　　）

5. 某输电线高频保护通道总衰耗为 40 dB，收信侧要得到 1.5 mW 的收信功率，则发信功率应为 20 W。（　　）

6. 220 kV 线路保护应按加强主保护、完善后备保护的基本原则配置和整定。（　　）

7. 对 220～500 kV 线路的全线速动保护，规程要求其整组动作时间为 20 ms（近端故障）、30 ms（远端故障，包括通道传输时间）。（　　）

8. 输电线路光纤分相电流差动保护相关线路中的负荷电流再大，一侧 TA 二次断线时保护不会误动。（　　）

9. 某双侧电源线路的两侧分别装设了检线路无压和检同期的三相重合闸，线路两侧的重合闸后加速保护均应投入。（　　）

10. 某线路的正序阻抗为 0.2 Ω/km，零序阻抗为 0.6 Ω/km，它的接地距离保护的零序补偿系数为 0.5。（　　）

11. 过渡电阻对距离继电器工作的影响，视条件可能失去方向性，也可能使保护区缩短，还可能发生超越及拒动。（　　）

12. 当线路断路器与电流互感器之间发生故障时，本侧母差保护动作三跳。为使线路对侧的高频保护快速跳闸，采取母差保护动作三跳停信措施。（　　）

13. 国产距离保护使用的防失压误动方法为整组以电流启动及断线闭锁启动总闭锁。（　　）

14. 阻抗保护动作区末端相间短路的最小短路电流应大于相应段最小精工电流的两倍。（　　）

15. 不论是单侧电源线路，还是双侧电源的网络上，发生短路故障时短路点的过渡电阻总是使距离保护的测量阻抗增大。（　　）

三、变压器保护

（一）单选题

1. 高压侧为 330～1 000 kV 主变压器、联络变压器及 1 000 kV 调压补偿变压器差动保护各侧宜采用（　　）电流互感器。

A. 0.5 级　B. PR 级　C. P 级　D. TPY 级

2. 110（66）～220 kV 变压器中性点零序电流保护用电流互感器宜采用（　　）互感器。

A. 0.5 级　B. TPX 级　C. P 级　D. TPY 级

3. 在 Y-△/11 接线的变压器的 △ 侧发生两相短路时，Y 侧的（　　）电流比另外两相的电流（　　）。

A. 同名故障相中的超前相、大一倍

B. 同名故障相中的落后相、大一倍

C. 同名非故障相、小一半

D. 同名非故障相、大一倍

4. 某 35/10.5 kV 变压器的接线形式为 Y/△-11，其 10 kV 侧发生 AB 相间短路时，该侧 A、B、C 相短路电流标幺值分别为 I_k、$-I_k$、0，则高压侧的 A、B、C 相短路电流的标幺值为（　　）。

A. I_k、I_k、0　　　　　　　　B. $I_k/\sqrt{3}$、$-I_k/\sqrt{3}$、0

C. $I_k/\sqrt{3}$、$-2I_k/\sqrt{3}$、$I_k/\sqrt{3}$　　D. $-I_k/\sqrt{3}$、$-2I_k/\sqrt{3}$、$-I_k/\sqrt{3}$

5. 变压器采用波形对称原理的差动保护，主要是基于（ B ）。

A. 变压器差动保护区外发生故障时，由于暂态分量的影响，电流波形将偏于时间轴的某一侧

B. 变压器充电时，由于励磁涌流的影响，充电侧电流波形将可能偏于时间轴的某一侧

C. 切除变压器负荷时，由于暂态分量的影响，变压器差动保护的差电流将短时间偏于时间轴的某一侧

D. 变压器差动保护区内发生故障时，有大量谐波分量存在，电源侧电流波形将可能偏于时间轴的某一侧

6. 谐波制动的变压器纵差保护装置中设置差动速断元件的主要原因是（　　）。

A. 提高保护动作速度

B. 防止在区内故障较高的短路水平时，由于电流互感器的饱和产生谐波量增加，导致谐波制动的比率差动元件拒动

C. 保护设置的双重化，互为备用

D. 提高整套保护灵敏度

7. 增设变压器的差动速断保护的目的是（　　）。

A. 差动保护双重化

B. 防止比率差动拒动

C. 对装设速断保护的一次侧严重内部短路起加速保护作用

D. 提高差动保护的快速性

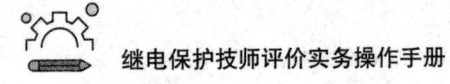

8. 主变压器复合电压闭锁过流保护,失去交流电压时( )。

　　A. 整套保护就不起作用　　　　B. 仅失去低压闭锁功能

　　C. 失去复合电压闭锁功能　　　D. 保护不受影响

9. 分级绝缘的 220 kV 变压器一般装有下列三种保护作为在高压侧失去接地中性点时发生接地故障的后备保护。此时,该高压侧中性点绝缘的主保护应为( )。

　　A. 带延时的间隙零序电流保护

　　B. 带延时的零序过电压保护

　　C. 放电间隙

10. 变压器中性点间隙接地保护包括( )。

　　A. 间隙过电流保护

　　B. 零序电压保护

　　C. 间隙过电流保护与零序电压保护,且其接点串联出口

　　D. 间隙过电流保护与零序电压保护,且其接点并联出口

11. 变压器过励磁与系统电压及频率的关系是( )。

　　A. 与系统电压及频率成反比

　　B. 与系统电压及频率成正比

　　C. 与系统电压成反比,与系统频率成正比

　　D. 与系统电压成正比,与系统频率成反比

12. 变压器过励磁保护是按磁密 B 正比于( )原理实现的。

　　A. 电压 U 与频率 f 的乘积

　　B. 电压 U 与频率 f 的比值

　　C. 电压 U 与绕组线圈匝数 N 的比值

　　D. 电压 U 与绕组线圈匝数 N 的乘积

13. 电力变压器电压的( )可导致磁密的增大,使铁芯饱和,造成过励磁。

　　A. 升高　　B. 降低　　C. 变化　　D. 不确定

14. 为防止由瓦斯保护启动的中间继电器在直流电源正极接地时误动,应( )。

　　A. 采用动作功率较大的中间继电器,而不要求快速动作

　　B. 对中间继电器增加 0.5 s 的延时

　　C. 在中间继电器启动线圈上并联电容

　　D. 采用快速动作的中间继电器

15. 运行中的变压器保护,当现场进行什么工作时,重瓦斯保护应由"跳闸"

位置改为"信号"位置运行（　　）。

A.进行注油和滤油时　　　　B.变压器中性点不接地运行时

C.变压器轻瓦斯保护动作后　　D.变压器油位异常时

（二）多选题

1.三绕组自耦变压器高、中压侧电压的电压变比为2，高／中／低的容量为100/100/50，下列说法正确的是（　　）。

A.高压侧同时向中、低压侧送电时，公共绕组容易过负荷

B.中压侧同时向高、低压侧送电时，公共绕组容易过负荷

C.低压侧同时向高、中压侧送电时，低压绕组容易过负荷

D.公共绕组同时向高、低压侧送电时，公共绕组容易过负荷

2.220/110/35 kV自耦变压器，中性点直接接地运行，下列说法正确的是（　　）。

A.中压侧母线单相接地时，中压侧的零序电流一定比高压侧的零序电流大

B.高压侧母线单相接地时，高压侧的零序电流一定比中压侧的零序电流大

C.高压侧母线单相接地时，可能中压侧零序电流比高压侧零序电流大，这取决于中压侧零序阻抗的大小

D.中压侧母线单相接地时，可能高压侧零序电流比中压侧零序电流大，这取决于高压侧零序阻抗的大小

3.某超高压降压变装设了过励磁保护，引起变压器过励磁的可能原因是（　　）。

A.变压器低压侧外部短路故障切除时间过长

B.变压器低压侧发生单相接地故障，非故障相电压升高

C.超高压电网电压升高

D.超高压电网有功功率不足引起电网频率降低

E.超高压电网电压升高，频率降低

4.变压器空载合闸时有励磁涌流出现，其励磁涌流的特点为（　　）。

A.含有明显的非周期分量电流

B.波形出现间断、不连续，间断角一般在65°以上

C.含有明显的二次及偶次谐波

D.变压器容量越大，励磁涌流相对额定电流倍数越大

E.变压器容量越大，衰减越慢

5. 变压器空载合闸或外部短路故障切除时，会产生励磁涌流，关于励磁涌流的说法正确的是（   ）。

A. 励磁涌流总会在三相电流中出现

B. 励磁涌流在三相电流中至少在两相中出现

C. 励磁涌流在三相电流中可在一相电流中出现，也可在两相电流中出现，也可在三相电流中出现

D. 励磁涌流与变压器铁芯结构有关，不同铁芯结构的励磁涌流是不同的

E. 励磁涌流与变压器接线方式有关

6. 高、中、低侧电压分别为 220 kV、110 kV、35 kV 的自耦变压器，接线为 YN, yn, d，高压侧与中压侧的零序电流可以流通，就零序电流来说，下列说法正确的是（   ）。

A. 中压侧发生单相接地时，自耦变接地中性点的电流可能为 0

B. 中压侧发生单相接地时，中压侧的零序电流比高压侧的零序电流大

C. 高压侧发生单相接地时，自耦变接地中性点的电流可能为 0

D. 高压侧发生单相接地时，中压侧的零序电流可能比高压侧的零序电流大

7. 变压器并联运行的条件是所有并联运行变压器的（   ）。

A. 变比相等　　　　　　　　B. 短路电压相等

C. 绕组接线组别相同　　　　D. 中性点绝缘水平相当

8. 变压器差动保护防止励磁涌流的措施有（   ）。

A. 采用二次谐波制动　　　　B. 采用间断角判别

C. 采用五次谐波制动　　　　D. 采用波形对称原理

9. 变压器在（ AC ）时会造成工作磁通密度增大，导致变压器的铁芯饱和。

A. 电压升高　B. 过负荷　C. 频率下降　D. 频率上升

10. 变压器励磁涌流具有（   ）特点。

A. 有很大的非周期分量

B. 含有大量的高次谐波

C. 励磁涌流的大小与合闸角关系很大

D. 二次谐波的值最大

11. 电力变压器差动保护在稳态情况下的不平衡电流的产生原因（   ）。

A. 各侧电流互感器型号不同

B. 变压器投运时的励磁涌流

C. 改变变压器调压分接头

D. 电流互感器实际变比和计算变比不同

12. 在什么情况下需要将运行中的变压器差动保护停用（　　）。

A. 差动二次回路及电流互感器回路有变动或进行校验时

B. 继保人员测定差动保护相量图及差压时

C. 差动电流互感器一相断线或回路开路时

D. 差动误动跳闸后或回路出现明显异常时

13. 对于 220 kV 及其以上的变压器相间短路后备保护的配置原则，下面说法不正确的是（　　）。

A. 除主电源外，其他各侧保护作为变压器本身和相邻元件的后备保护

B. 作为相邻线路的远后备保护，对任何故障具有足够的灵敏度

C. 对稀有故障，如电网的三相短路，允许无选择性动作

D. 送电侧后备保护对各侧母线应有足够灵敏度

14. 根据自耦变压器的结构特点，对超高压自耦变压器通常另配置分侧差动保护，以下（　　）是分侧差动保护的特点。

A. 高中压侧及中性点之间是电的联系，各侧电流综合后，励磁涌流达到平衡，差动回路不受励磁涌流影响

B. 在变压器过励磁时，也不需要考虑过励磁电流引起差动保护误动作问题

C. 当变压器调压引起各侧之间变比变化时，不会有不平衡电流流过，可以不考虑变压器调压的影响

D. 分侧差动保护不反应绕组中不接地的匝间短路故障

15. 500 kV 变压器用作接地故障的后备保护有（　　）。

A. 零序电流保护 B. 零序方向过电流保护

C. 公共绕组零序过电流保护 D. 复压过电流保护

（三）判断题

1. 瓦斯保护能反应变压器油箱内的任何故障，如铁芯过热烧伤、油面降低、匝间故障等，但差动保护对此无反应。（　　）

2. 谐波制动的变压器差动保护为防止在较高的短路水平时，由于电流互感器饱和时高次谐波量增加，产生极大的制动力矩，使差动元件拒动，因此设置差动速断元件，当短路电流达到 4~10 倍额定电流时，速断元件快速动作出口。（　　）

3. 变压器瓦斯保护是防御变压器油箱内各种短路故障和油面降低的保护。（　　）

4. 变压器励磁涌流含有大量的高次谐波分量，并以五次谐波为主。（　　）

5. 装设电流增量启动元件，就能有效防止变压器后备阻抗保护在电压断线时误动作。（　　）

6. 用于 220～500 kV 的大型电力变压器保护的电流互感器应选用 P 级或 TPY 级。P 级电流互感器是一般保护用电流互感器，其误差是稳态条件下的误差；TPY 级电流互感器可用于暂态条件下工作，是满足暂态要求的保护用电流互感器。（　　）

7. 高压侧为 330～1 000 kV 主变压器、联络变压器及 1 000 kV 调压补偿变压器差动保护各侧宜采用 TPY 级电流互感器。（　　）

8. 110（66）～220 kV 变压器中性点零序电流保护用电流互感器宜采用 P 级互感器。（　　）

9. 变压器的励磁涌流的幅值与变压器空载投入时的电压初相角有关，但在任何情况下空载投入变压器，至少在两相中要出现程度不同的励磁涌流。（　　）

10. 变压器的励磁涌流的大小与变压器的额定电流幅值的倍数有关，变压器容量越小，励磁涌流对额定电流幅值的倍数越大。（　　）

11. 励磁涌流衰减时间常数与变压器至电源之间的阻抗大小、变压器的容量和铁芯的材料等因素有关。（　　）

12. 谐波制动的变压器纵差保护中设置差动速断元件的主要原因是防止在区内故障较高的短路水平时，由于电流互感器的饱和产生高次谐波量增加，从而使涌流判别元件误判断为励磁涌流，致使差动保护拒动。（　　）

13. 谐波制动的变压器差动保护中设置差动速断元件的主要原因是提高差动保护的动作速度。（　　）

14. 变压器保护装置中设置比率制动的主要原因是当区外故障不平衡电流增加，使继电器动作电流随不平衡电流增加而提高动作值。（　　）

15. 在变压器装置中，采用具有比率制动特性曲线的差动元件是为了提高内部故障时的动作灵敏度及可靠躲过外部故障的不平衡电流。（　　）

四、母线及辅助保护

（一）单选题

1. 校核母差保护电流互感器的 10% 误差曲线时，计算电流倍数最大的情况是元件（　　）。

  A. 对侧无电源　　　　　　　　B. 对侧有电源
  C. 都一样　　　　　　　　　　D. 跟有无电源无关

2. 需要加电压闭锁的母差保护，所加电压闭锁环节应加在（　　）。

　　A. 母差各出口回路　　　　　　B. 母联出口

　　C. 母差总出口　　　　　　　　D. 启动回路

3. 双母线的电流差动保护，当故障发生在母联断路器与母联 TA 之间时，出现动作死区，此时应该（　　）。

　　A. 启动远方跳闸　　　　　　　B. 启动母联失灵（或死区）保护

　　C. 启动失灵保护及远方跳闸　　D. 母联过流保护动作

4. 为了从时间上判别断路器失灵故障的存在，失灵保护动作时间的整定原则是（　　）。

　　A. 大于故障元件的保护动作时间和断路器跳闸时间之和

　　B. 大于故障元件的断路器跳闸时间和保护返回时间之和

　　C. 大于故障元件的保护动作时间和返回时间之和

　　D. 大于故障元件的保护动作时间即可

5. 为了防止误碰出口中间继电器造成母线保护误动作，应采用（　　）。

　　A. 电压闭锁元件　　B. 电流闭锁元件　　C. 距离闭锁元件　　D. 跳跃闭锁继电器

6. 母线差动保护采用电压闭锁元件的主要目的是（　　）。

　　A. 系统发生振荡时，母线差动保护不会误动

　　B. 区外发生故障时，母线差动保护不会误动

　　C. 误碰出口继电器不至于造成母线差动保护误动

　　D. 电压回路出现问题时，可以闭锁母差保护

7. 母线保护装置双母线接线，当母联开关处于分位时，（　　）自动转用比率制动系数低值。

　　A. Ⅰ母比率差动元件　　　　　　B. 大差比率差动元件

　　C. Ⅱ母比率差动元件　　　　　　D. 大差、Ⅰ母、Ⅱ母比率差动元件

8. 断路器失灵保护断开母联断路器的动作延时应整定为（　　）。

　　A. 0.15～0.25 s　　B. 0.3～0.5 s　　C. 0.5 s　　D. ≥0.5 s

9. 电力系统不允许长期非全相运行，为了防止断路器一相断开后，长时间非全相运行，应采取措施断开三相，并保证选择性，其措施是装设（　　）。

　　A. 断路器失灵保护　　　　　　B. 零序电流保护

　　C. 断路器三相不一致保护　　　D. 失灵保护

10．双母线接线的母线保护，Ⅰ母小差电流为（　　）。

A．Ⅰ母所有电流的绝对值之和

B．Ⅰ母所有电流和的绝对值

C．Ⅰ母所有出线（不包括母联）和的绝对值

D．Ⅰ母所有流出电流之和

11．失灵保护的线路断路器启动回路由什么组成（　　）。

A．失灵保护的启动回路由保护动作出口触点和断路器失灵判别元件（电流元件）构成"与"回路组成

B．失灵保护的启动回路由保护动作出口触点和断路器失灵判别元件（电流元件）构成"或"回路组成

C．母线差动保护(Ⅰ母或Ⅱ母)出口继电器动作触点和断路器失灵判别元件(电流元件）构成"与"回路所组成

D．母线差动保护（Ⅰ母或Ⅱ母）出口继电器动作触点和断路器失灵判别元件（电流元件）构成"或"回路所组成

12．失灵保护的母联断路器启动回路由什么组成（　　）。

A．失灵保护的启动回路由保护动作出口触点和母联断路器失灵判别元件（电流元件）构成"或"回路组成

B．母线差动保护（Ⅰ母或Ⅱ母）出口继电器动作触点和母联断路器失灵判别元件（电流元件）构成"与"回路

C．母线差动保护（Ⅰ母或Ⅱ母）出口继电器动作触点和断路器失灵判别元件（电流元件）构成"或"回路所组成

D．母线差动保护（Ⅰ母或Ⅱ母）出口继电器动作触点和母联断路器位置触点构成"与"回路

13．断路器失灵保护是（　　）。

A．一种近后备保护。当故障元件的保护拒动时，可依靠该保护切除故障

B．一种远后备保护。当故障元件的断路器拒动时，必须依靠故障元件本身保护的动作信号启动失灵保护以切除故障点

C．一种近后备保护。当故障元件的断路器拒动时，可依靠该保护隔离故障

D．一种远后备保护。当故障元件的保护拒动时，可依靠该保护隔离故障点

14．分相操作的断路器拒动考虑的原则是（　　）。

A．单相拒动　B．两相拒动　C．三相拒动　D．都要考虑

15．断路器失灵保护动作的条件是（　　）。

A. 失灵保护电压闭锁回路开放，本站有保护装置动作且超过失灵保护整定时间仍未返回

B. 失灵保护电压闭锁回路开放，故障元件的电流持续时间超过失灵保护整定时间仍未返回，且故障元件的保护装置曾动作

C. 失灵保护电压闭锁回路开放，本站有保护装置动作，且该保护装置和与之相对应的失灵电流判别元件的持续动作时间超过失灵保护整定时间仍未返回

D. 本站有保护装置动作，且该保护装置和与之相对应的失灵电流判别元件的持续动作时间超过失灵保护整定时间仍未返回

（二）多选题

1. 在发生母线短路故障时，在暂态过程中，母差保护差动回路的特点以下说法正确的是（　　）。

A. 直流分量大

B. 暂态误差大

C. 不平衡电流最大值不在短路最初时刻出现

D. 不平衡电流最大值出现在短路最初时刻

2. 对双母线接线重合闸、失灵启动的要求正确的是（　　）。

A. 对于含有重合闸功能的线路保护装置，设置"停用重合闸"压板。"停用重合闸"压板投入时，闭锁重合闸、任何故障均三相跳闸

B. 双母线接线的断路器失灵保护，应采用母线保护中的失灵电流判别功能，不配置含失灵电流启动元件的断路辅助装置

C. 应采用线路保护的分相跳闸触点（信号）启动断路器失灵保护

D. 智能站当线路支路有高抗、过电压及远方跳闸保护等需要三相启动失灵时，采用操作箱内 TJR 触点启动失灵保护

3. 对于母联充电保护，（　　）是母线保护判断母联（分段）充电并进入充电逻辑的依据。

A. SHJ 触点　B. 母联 TWJ　C. TJR 触点　D. 母联 CT"有无电流"

4. 为提高母差保护的动作可靠性，在保护中设置有（　　）。

A. 启动元件　　　　　　　　B. 复合电压元件

C. TA 二次回路断线闭锁元件　　D. TA 饱和检测元件

5. 对母线保护的要求有哪些（　　）。

A. 高度的安全性　B. 高度的可靠性　C. 选择性强　D. 动作速度快

6. 为了提高母线差动保护的动作可靠性，在保护中还设置有（　　）。

A. 启动元件　　　　　　　　　　B. 复合电压闭锁元件

C. TA 二次回路断线闭锁元件　　　D. TA 饱和检测元件

7. 当母线发生故障，母差保护中（　　）动作，保护才能去跳故障母线各断路器。

A. 小差元件　B. 大差元件　C. 启动元件　D. 复合电压元件

8. （　　）断路器 TA 断线，不应闭锁母差保护。

A. 线路　B. 母联　C. 分段　D. 变压器

9. 母差保护 TV 二次断线后，（　　）。

A. 闭锁保护　B. 不闭锁保护　C. 延时发告警信号　D. 退出复合电压闭锁

10. 断路器保护装置在（　　）情况下，沟三接点闭合。

A. 重合闸未充好电　　　　　　　B. 重合闸为三重方式

C. 重合闸装置发生故障　　　　　D. 重合闸直流电源消失

11. 关于开关失灵保护描述正确的是（　　）。

A. 失灵保护动作将启动母差保护

B. 若线路保护拒动，失灵保护将无法启动

C. 失灵保护动作后，应检查母差保护范围，以发现故障点

D. 失灵保护的整定时间应大于线路主保护的时间

12. 比率差动构成的国产母线差动保护中，若大差电流不返回，其中有一个小差动电流动作不返回，母联电流越限，则可能的情况是（　　）。

A. 母联断路器失灵

B. 短路故障在死区范围内

C. 母联电流互感器二次回路断线

D. 其中的一条母线上发生了短路故障，有电源的一条出线断路器发生了拒动

13. 母线保护中复合电压闭锁元件包含（　　）。

A. 低电压　B. 电压突变　C. 负序电压　D. 零序电压

14. 母联开关位置接点接入母差保护，作用是（　　）。

A. 母联开关合于母线故障问题

B. 母差保护死区问题

C. 母线分裂运行时的选择性问题

D. 母线并联运行时的选择性问题

15. 双母线接线方式下，线路断路器失灵保护由哪几部分组成（　　）。

A. 保护动作触点　B. 电流判别元件　C. 电压闭锁元件　D. 时间元件

(三) 判断题

1. 合理分配母差保护所接电流互感器二次绕组，对确无办法解决的保护动作死区，可采用后备保护加以解决。（　　）

2. 母联过电流保护是临时性保护，当用母联代路时投入运行。（　　）

3. 电流互感器在暂态过程中短路电流含有直流分量，使电流互感器的暂态误差比稳态误差大得多，因此母线差动保护的暂态不平衡电流比稳态不平衡电流大得多。（　　）

4. 在采用自适应阻抗加权抗饱和法的母差保护装置中，如果工频变化量电压元件动作在先，而工频变化量阻抗元件及工频变化量差动元件后动作，即判定为区外故障 TA 饱和，立即将母差保护闭锁。（　　）

5. 当线路保护装置拒动时，一般情况只允许相邻上一级的线路保护越级动作，切除故障；当断路器拒动（只考虑一相断路器拒动），且断路器失灵保护动作时，应保留一组母线运行（双母线接线）或允许多失去两个元件（3/2 断路器接线）。（　　）

6. 220 kV 及其以上电压等级变压器的断路器失灵时，跳开失灵断路器相邻的全部断路器即可。（　　）

7. 正常运行时，应投入母联充电保护的连接片。（　　）

8. 母线电流差动保护（不包括 3/2 接线的母差保护）采用电压闭锁元件可防止由误碰出口中间继电器或电流互感器二次开路造成母差保护误动。（　　）

9. 在母线保护中，母线差动保护、断路器失灵保护、母联死区保护、母联充电保护、母联过流保护都要经符合电压闭锁。（　　）

10. 母线保护各支路 CT 变比差不宜大于 4 倍。（　　）

11. 断路器充电保护不应启动失灵。（　　）

12. 失灵保护的判别元件一般应为相电流元件；发电机变压器组或变压器断路器失灵保护的判别元件应为零序电流元件或负序电流元件。（　　）

13. 断路器失灵保护判别元件的动作时间和返回时间均不应大于 10 ms。（　　）

14. 断路器失灵保护所需动作延时应为断路器跳闸时间、保护返回时间之和再加裕度时间。（　　）

15. 母线差动及断路器失灵保护，不得用导通方法分别证实到每个断路器接线的正确性。（　　）

五、二次回路

(一) 单选题

1. 继电保护柜内距地面（　　）范围内一般不宜布置元器件。

   A. 200 mm　B. 250 mm　C. 300 mm　D. 350 mm

2. 保护跳、合闸出口连接片与失灵归路相关连接片采用（　　）。

   A. 红色　B. 黄色　C. 绿色　D. 浅驼色

3. 继电保护柜的试验分为（　　）和出厂（例行）试验两种。

   A. 型式试验　B. 接地要求试验　C. 机械性能试验　D. 介质强度试验

4. 在操作箱中，关于断路器位置继电器线圈正确的接法是（　　）。

   A. TWJ 在跳闸回路中，HWJ 在合闸回路中

   B. TWJ 在合闸回路中，HWJ 在跳闸回路中

   C. TWJ、HWJ 均在跳闸回路中

   D. TWJ、HWJ 均在合闸回路中

5. 纯电感、电容并联回路发生谐振时，其并联回路的视在阻抗等于（　　）。

   A. 无穷大　B. 零　C. 电源阻抗　D. 谐振回路中的电抗

6. 双母线系统的两组电压互感器二次回路采用自动切换的接线，切换继电器的触点（　　）。

   A. 应采用同步接通与断开的接点

   B. 应采用先断开、后接通的接点

   C. 应采用先接通、后断开的接点

   D. 对接点的断开顺序不做要求

7. 二次回路铜芯控制电缆按机械强度要求，连接强电端子的芯线最小截面为（　　）。

   A. 1.5 mm²　B. 2.5 mm²　C. 0.5 mm²　D. 2.0 mm²

8. 发电厂和变电站应采用铜芯控制电缆和导线，弱电控制回路的截面不应小于（　　）。

   A. 1.5 mm²　B. 2.5 mm²　C. 0.5 mm²　D. 1.0 mm²

9. 继电保护设备、控制屏端子排上所接导线的截面不宜超过（　　）。

   A. 4 mm²　B. 8 mm²　C. 6 mm²　D. 10 mm²

10. 保护装置在（　　）二次回路一相、两相或三相同时断线、失压时，应发告警信号，并闭锁可能误动作的保护。

A. 电流互感器 B. 电压互感器 C. 断路器 D. 电容器

11. 保护装置在（　　）二次回路不正常或断线时，应发告警信号，除母线保护外，允许跳闸。

A. 电流互感器 B. 电压互感器 C. 断路器 D. 电容器

12. 断路器应有足够数量的动作逻辑正确、接触可靠的辅助触点供保护装置使用。辅助触点与主触头的动作时间差不大于（　　）ms。

A. 6 B. 8 C. 10 D. 12

13. 二次回路的工作电压不宜超过（　　），最高不应超过（　　）。

A. 220 V；380 V B. 250 V；500 V C. 250 V；380 V D. 220 V；500 V

14. （　　）kV 及其以上系统保护、高压侧为 330 kV 及其以上的变压器和 300 MW 及其以上的发电机变压器组差动保护用电流互感器宜采用 TPY 电流互感器。

A. 110 B. 220 C. 330 D. 500

15. （　　）kV 系统保护、高压侧为 220 kV 的变压器和 100 MW 级～200 MW 级的发电机变压器组差动保护用电流互感器可采用 P 类、PR 类或 PX 类电流互感器。

A. 110 B. 220 C. 330 D. 500

（二）多选题

1. 下列关于电流互感器接入位置的描述，正确的是（　　）。

A. 保护用电流互感器应根据保护原理和保护范围合理选择接入位置，确保一次设备的保护范围没有死区

B. 当有旁路断路器且需要旁代主变断路器等时，如有差动等保护，则需要进行电流互感器的二次回路切换。这时既要考虑切换的回路要对应一次允许方式的变换，又要考虑切入的电流互感器二次极性必须正确，变比必须相等

C. 按照反措要求，需要安装双母差保护的 220 kV 及其以上母线，相应单元的电流互感器要增加一组二次绕组，其接入位置应保证任何一套母差保护运行时与线路、主变保护的保护范围有重叠，不能出现保护死区

D. 选用合适的准确等级，保护装置对准确度要求不高，但要求能承受很大的短路电流倍数

2. 下列属于电流互感器二次回路的接线方式的有（　　）。

A. 单相接线 B. 两相星形接线
C. 三相星形接线 D. 三角形接线和电流接线

3. 下列关于电流互感器二次回路"和电流接线"描述正确的是（　　）。

A. 这种接线是将两组星形接线并接，用于反映两个开关的电流之和

B. 这种接线是将两组星形接线串接，用于反映两个开关的电流之和

C. 该接线要注意电流互感器二次回路三相极性的一致性及两组之间与一次接线的一致性

D. 两组电流互感器的变比还要一致

4. 下面关于电压互感器的配置原则，描述正确的是（　　）。

A. 当母线上有电源，需要重合闸检同期或无压，需要同期并列时，应在线路侧安装单相或两相电压互感器

B. 内桥接线的电压互感器可以安装在线路侧，也可以安装在母线上，一般不同时安装

C. 对于 220 kV 及其以下的电压等级，电压互感器一般有两至三个次级，一组接开口三角形，其他接为星形

D. 在 500 kV 系统中，为了继电保护的双重化，一般选用三个次级的电压互感器，其中两组接为星形，一组接为开口三角形

5. 下列对电流互感器多个负载接入顺序描述正确的是（　　）。

A. 一般仪表回路的顺序是电流表、功率表、电度表、记录型仪表、变送器或监控系统

B. 在保护次级中，尽量将不同的设备单独接入一组次级，特别是母差等重要保护

C. 保护次级需要串接的，应先主保护，再后备保护，先不出口跳闸的设备，再出口跳闸的设备

D. 保护次级需要串接的，应先主保护，再后备保护，先出口跳闸的设备，再不出口跳闸的设备

6. 电压互感器的二次接线方式主要有（　　）。

A. 单相接线

B. 单线电压接线

C. V/V 接线

D. 星形接线

E. 三角形接线

7. 下列属于二次回路产生干扰电压的主要途径的是（　　）。

A. 静电耦合产生的干扰　　　　　　B. 电磁感应产生的干扰

C. 由地电位差产生的干扰　　　　D. 无线电信号的干扰

8. 下列关于电压互感器保护方式描述正确的是（　　）。

A. 在电压回路故障有可能造成继电保护和自动装置不正确动作的场合，应采用熔断器

B. 在电压回路故障不能引起继电保护和自动装置误动作的情况下，应首先采用简单方便的熔断器作为电压回路的保护

C. 电压互感器二次侧应在各相回路的试验芯上配置保护用的熔断器或自动开关

D. 熔断器或自动开关应尽可能靠近二次绕组的出口处，以减少保护死区

9. 电缆芯线截面的选择应符合下列哪些要求（　　）。

A. 电压回路：当全部继电保护和安全自动装置动作时（考虑到电网发展，电压互感器的负荷最大时），电压互感器到继电保护和安全自动装置屏的电缆压降不应超过额定电压的 5%

B. 电压回路：当全部继电保护和安全自动装置动作时（考虑到电网发展，电压互感器的负荷最大时），电压互感器到继电保护和安全自动装置屏的电缆压降不应超过额定电压的 3%

C. 操作回路：在最大负荷下，电源引出端到断路器分、合闸线圈的电压降不应超过额定电压的 12%

D. 操作回路：在最大负荷下，电源引出端到断路器分、合闸线圈的电压降不应超过额定电压的 10%

10. 装置电源的直流熔断器或自动开关的配置应满足如下哪些要求（　　）。

A. 采用近后备原则，装置双重化配置时，两套装置应有不同的电源供电，可不设专用的直流熔断器或自动开关

B. 由一套装置控制多组断路器（如母线保护、变压器差动保护、发电机差动保护、各种双断路器接线方式的线路保护等）时，保护装置与每一断路器的操作回路应分别由专用的直流熔断器或自动开关供电

C. 有两组跳闸线圈的断路器，每一跳闸回路应分别由专用的直流熔断器或自动开关供电

D. 单断路器接线的线路保护装置可与断路器操作回路合用直流熔断器或自动开关，也可分别使用独立的直流熔断器或自动开关

E. 采用远后备原则配置保护时，其所有保护装置以及断路器操作回路等可仅由一组直流熔断器或自动开关供电

11. 对双重化保护的（　　　）等，两套系统不应合用一根多芯电缆。

　　A. 电流回路　　　　　　　　　B. 电压回路

　　C. 直流电源回路　　　　　　　D. 双跳闸绕组的控制回路

12. 保护和控制设备的（　　　）引入回路应采用屏蔽电缆。

　　A. 直流电源　　B. 交流电流　　C. 电压　　D. 信号

13. 发电厂和变电所中重要设备和线路的继电保护和自动装置，应有经常监视操作电源的装置。（　　　）应装设回路完整性的监视装置。

　　A. 隔离开关回路

　　B. 各断路器的跳闸回路

　　C. 重要设备和线路的断路器合闸回路

　　D. 装有自动重合装置的断路器合闸回路

14. 应根据电磁环境的具体情况，采取（　　　）及适当布线等措施，以减缓电磁干扰，满足保护设备的抗扰度要求。

　　A. 接地　　B. 屏蔽　　C. 限幅　　D. 隔离

15. 各类气压或油（液）压断路器应具有下列输出触点供保护装置及信号回路用（　　　）。

　　A. 合闸压力常开、常闭触点　　　　B. 跳闸压力常开、常闭触点

　　C. 压力异常常开、常闭触点　　　　D. 重合闸压力常开、常闭触点

（三）判断题

1. 由于电压互感器一次侧断开、电流互感器一次侧同相短接造成保护装置动作，原则上不予评价。（　　　）

2. 电流互感器的二次中性线回路如果存在多点接地，则不论系统运行正常与否，继电器所感受的电流均与从电流互感器二次受进的电流不相等。（　　　）

3. 电流互感器的二次中性线回路如果存在多点接地，当系统发生故障时，继电器所感受的电流会与实际电流有一定的偏差，站内发生三相故障时可能会导致保护装置误动。（　　　）

4. 电压互感器的二次中性线回路如果存在多点接地，则不论系统运行正常与否，继电器所感受的电压均会与实际电压有偏差。（　　　）

5. 电压互感器的二次中性线回路如果存在多点接地，当系统发生接地故障时，继电器所感受的电压会与实际电压有一定的偏差，甚至可能造成保护装置拒动。（　　　）

6. 互感器减极性标记是指当从一次侧"*"端流入电流I_1时，二次电流I_2应从"*"

端流出，此时 I_1 与 I_2 同相位。（　　）

7. 电流互感器采用减极性标注的概念是，一次侧电流从极性端通入，二次侧电流从极性端流出。（　　）

8. 电流互感器的角度误差与二次所接负载的大小和功率因数有关。（　　）

9. 电流互感器因二次负载大，误差超过 10% 时，可将两组同级别、同型号、同变比的电流互感器二次串联，以降低电流互感器的负载。（　　）

10. 当电流互感器饱和时，测量电流比实际电流小，有可能引起差动保护拒动，但不会引起差动保护误动。（　　）

11. 五次谐波电流的大小或方向可以作为中性点非直接接地系统中查找故障线路的一个判据。（　　）

12. 直流回路两点接地可能造成断路器误跳闸。（　　）

13. 断路器的"跳跃"现象一般在跳闸、合闸回路同时接通时才发生，"防跳"回路设置是将断路器闭锁到跳闸位置。（　　）

14. 断路器操作箱中跳跃闭锁继电器 TBJ 的电流启动线圈的额定电流，应根据合闸线圈的动作电流来选择，并要求其灵敏度高于合闸线圈的灵敏度。（　　）

15. 断路器液压机构在压力下降过程中，依次发压力降低闭锁合闸、压力降低闭锁重合闸、压力降低闭锁跳闸信号。（　　）

六、智能站

（一）单选题

1. 智能变电站自动化系统可以划分为（　　）。
A. 站控层、间隔层、过程层　　　　B. 站控层、保护层、隔离层
C. 控制层、间隔层、过程层　　　　D. 站控层、间隔层、保护层

2. 智能变电站必须包括以下哪种网络（　　）。
A. 站控层网络　B. 间隔层网络　C. 过程层网络　D. 以上都不是

3. 保护装置在智能站中属于以下哪个网络（　　）。
A. 站控层　B. 间隔层　C. 链路层　D. 过程层

4. 智能终端在智能站中属于以下哪个网络（　　）。
A. 站控层　B. 间隔层　C. 链路层　D. 过程层

5. 智能变电站的站控层典型设备包括（　　）。
A. 智能传感器　B. 智能终端　C. 远动装置　D. 电子式互感器

6. 有源电子式电流互感器采用的是什么技术（   ）。

A. 罗氏线圈、低功率线圈（LPCT）

B. 电容分压、电感分压、电阻分压

C. Faraday 磁光效应

D. Pockels 电光效应

7. 无源电子式电压互感器采用的是什么技术（   ）。

A. 罗氏线圈、低功率线圈（LPCT）

B. 电容分压、电感分压、电阻分压

C. Faraday 磁光效应

D. Pockels 电光效应

8. GOOSE 报文采用（   ）方式传输。

A. 单播　　B. 广播　　C. 组播　　D. 应答

9. GOOSE 报文的重发传输采用下列哪种方式（   ）。

A. 连续传输 GOOSE 报文，StNum+1

B. 连续传输 GOOSE 报文，StNum 保持不变，SqNum+1

C. 连续传输 GOOSE 报文，StNum+1 和 SqNum+1

D. 连续传输 GOOSE 报文，StNum 和 SqNum 保持不变

10. IEC 61850 规定 GOOSE 初始化采用以下哪种方式（   ）。

A. 连续传输 GOOSE 报文，StNum=1，SqNum=0

B. 连续传输 GOOSE 报文，StNum=1，SqNum=1

C. 连续传输 GOOSE 报文，StNum=0，SqNum=0

D. 连续传输 GOOSE 报文，StNum=0，SqNum=1

11. GOOSE 报文可以传输（   ）。

A. 单点位置信息　　　　　　　B. 双位置信息

C. 模拟量浮点信息　　　　　　D. 以上均可

12. 智能变电站的站控层网络里用于四遥量传输的是（   ）类型的报文。

A. MMS　　B. GOOSE　　C. SV　　D. 以上都是

13. 智能变电站的过程层网络里传输的是（   ）类型的报文。

A. GOOSE　　B. MMS+SV　　C. GOOSE+SV　　D. MMS+GOOSE

14. 可以在站控层和过程层进行传输的是（   ）类型的报文。

A. MMS　　B. GOOSE　　C. SV　　D. 以上都是

15. 智能变电站保护跳闸信号通常采用（   ）。

A. GOOSE B. MMS C. SV D. SNTP

（二）多选题

1. 智能变电站装置应提供（　　）反映本身健康状态。

A. 该装置订阅的所有 GOOSE 报文通信情况，包括链路是否正常（如果是多个接口接收 GOOSE 报文，接口接收 GOOSE 报文是否存在网络风暴）、接收到的 GOOSE 报文配置及内容是否有误等

B. 该装置订阅的所有 SV 报文通信情况，包括链路是否正常、接收到的 SV 报文配置及内容是否有误等

C. 该装置自身软、硬件运行情况是否正常

D. 该装置的保护动作报告

2. 以下所描述的智能变电站的建模层次关系正确的是（　　）。

A. 服务器包含逻辑设备　　　　B. 逻辑设备包含逻辑节点

C. 逻辑节点包含数据对象　　　D. 数据对象包含数据属性

3. 智能变电站过程层设备包括（　　）。

A. 合并单元 B. 智能终端 C. 智能开关 D. 光 TA/TV

4. MMS 协议可以完成下述（　　）功能。

A. 保护跳闸 B. 定值管理 C. 控制 D. 故障报告上送

5. SCD 文件信息包括（　　）。

A. 与调度的通信参数

B. 二次设备配置（包含信号描述配置、GOOSE 信号连接配置）

C. 通信网络及参数的配置

D. 变电站一次系统配置（含一、二次关联信息配置）

6. GOOSE 报文可以传输（　　）数据。

A. 跳、合闸信号　　　　　　B. 电流、电压采样值

C. 一次设备位置状态　　　　D. 户外设备温度、湿度

7. "直采直跳"指的是（　　）通过点对点光纤进行传输。

A. 跳、合闸信号　　　　　　B. 启动失灵保护信号

C. 保护远跳信号　　　　　　D. 电流、电压数据

8. 保护电压采样无效对光差线路保护的影响有（　　）。

A. 闭锁所有保护　　　　　　B. 闭锁与电压相关的保护

C. 对电流保护没影响　　　　D. 自动投入 TV 断线过流

9. 保护电流采样无效对光差线路保护的影响有（　　）。

A. 闭锁距离保护　　　　　　　　B. 闭锁差动保护

C. 闭锁零序电流保护　　　　　　D. 闭锁 TV 断线过流

10. SCD 修改后，（　　）的配置文件可能需要重新下载。

A. 合并单元　B. 保护装置　C. 交换机　D. 智能终端

11. 智能变电站过程层网络组网—共享双网方式的优点有（　　）。

A. 数据冗余好　　　　　　　　　B. 数据相互隔离

C. 信息相互之间共享　　　　　　D. 经济效益好

12. 下列（　　）对时模式对交换机的依赖性比较强。

A. PPS　B. 1588　C. IRIG-B　D. SNTP

13. 智能变电站中，（　　）属于监控系统的高级应用范畴。

A. 在线检测　B. 智能告警　C. 程序化操作　D. GOOSE 通信

14. 智能变电站中，站控层远动系统支持的对时方式有（　　）。

A. B 码　B. 秒脉冲　C. SNTP　D. 1588

15. 关于安全区的安全防护，以下描述正确的有（　　）。

A. 禁止安全区Ⅰ和安全区Ⅱ内部的 E-mail 服务

B. 禁止安全区Ⅰ内部和纵向的 Web 服务

C. 禁止跨安全区的 E-mail、Web 服务

D. 安全区Ⅱ的系统应该部署安全审计措施

（三）判断题

1. DL/T 860 模型中，BRCB 和 URCB 均采用多个实例可视方式，报告实例数应不小于 12。（　　）

2. DL/T 860 模型中，BRCB 指缓存报告控制块，URCB 指非缓存报告控制块，BRCB 和 URCB 均可采用多个实例可视方式。（　　）

3. DL/T 860 报告服务设计了非常完善的机制避免报文丢失。（　　）

4. DL/T 860 报告服务中的完整性周期的作用等同于全数据上送。（　　）

5. DL/T 860 标准定义的逻辑节点中以 C 开头的逻辑节点表示带有控制功能。（　　）

6. IEC 61850 系列标准是基于网络通信的变电站自动化系统唯一的国际标准。（　　）

7. DL/T 860 标准只适用于变电站，不适用于配电设备、风电、光伏、分布式能源等。（　　）

8. DL/T 860 标准中，逻辑节点组指示符中的"M"代表"控制"。（　　）

9. DL/T 860 标准中，如果一个报告太长，可分成许多子报告，每个子报告以同样顺序号和唯一 SubSqNum 编号。（　　）

10. DL/T 860 标准中，在发送总召唤报告之前应先发送还未发送完的缓存事件。（　　）

11. DL/T 860 定值组服务可以修改当前定值区的定值。（　　）

12. DL/T 860 建立的信息模型包含逻辑设备、逻辑节点、数据对象和数据属性四个层次。（　　）

13. DL/T 860 设备模型中逻辑设备下一般都包含一个 LLN0 和 LPHD 逻辑节点。（　　）

14. DL/T 860 通信服务的控制块含有标准定义的版本号机制。（　　）

15. DL/T 860 通信服务中，只有通过报告服务才能获取数据集总数据对象的值。（　　）

七、整定计算

（一）单选题

1. 合理地选择继电保护整定计算运行方式是改善保护效果，充分发挥保护效能的关键之一。继电保护整定计算应以（　　）为依据。

A. 大方式　B. 小方式　C. 常见运行方式

2. 在 220 kV 电力系统中，校验变压器零序差动保护灵敏系数所采用的系统运行方式应为（　　）。

A. 最大运行方式　B. 正常运行方式　C. 最小运行方式

3. 母联或分段断路器充电保护应按（　　）下被充电母线故障有灵敏度整定。

A. 最大运行方式　B. 最小运行方式　C. 正常运行方式

4. 对电容器组和断路器之间连接线的短路，可装设带有短时限的电流速断和过流保护，速断保护的动作电流按（　　）运行方式下电容器端部引线发生两相短路时有足够灵敏系数整定。

A. 最小　B. 最大　C. 正常　D. 故障

5. 使电流速断保护有最小保护范围的运行方式为系统（　　）。

A. 最大运行方式　B. 最小运行方式　C. 正常运行方式　D. 事故运行方式

6. 零序电流保护逐级配合是指（　　）。

A. 零序定值要配合，不出现交错点

B. 时间必须首先配合，不出现交错点

C. 电流定值灵敏度和时间都要相互配合

7. 方向阻抗选相元件定值应可靠躲过正常运行情况和重合闸启动后至闭锁回路可靠闭锁前的（　　）感受阻抗，并应验算线路末端金属性接地故障时的灵敏度，短线路灵敏系数为 3～4，长线路灵敏系数为 1.5～2，且最小故障电流（　　）阻抗元件精确工作电流的 2 倍；还应验算线路末端经电阻接地时容纳接地电阻的能力，线路末端经一定接地电阻接地时，阻抗选相元件至少能相继动作。

A. 最小；不小于　B. 最小；不大于　C. 最大；不小于　D. 最大；不大于

8. 分相电流差动保护的差流高定值应可靠躲过线路（　　）电容电流。

A. 稳态　B. 暂态　C. 稳态和暂态

9. 全线瞬时动作的保护或保护的速断段的整定值，应保证在被保护范围外部故障时可靠不动作，这是（　　）的表现。

A. 可靠性　B. 速动性　C. 灵敏性　D. 选择性

10. 线路保护中振荡闭锁过流或静稳电流按躲过（　　）整定，距离Ⅲ段按躲过（　　）整定。

A. 事故后线路过负荷，线路正常负荷

B. 事故后线路过负荷，事故后线路过负荷

C. 线路正常负荷，事故后线路过负荷

D. 线路正常负荷，线路正常负荷

11. 电力系统继电保护的选择性除了决定于继电保护装置本身的性能外，还要满足：由电源算起，愈靠近故障点的继电保护的故障启动值（　　）。

A. 相对愈大，动作时间愈短

B. 相对愈灵敏，动作时间愈长

C. 相对愈灵敏，动作时间愈短

D. 相对愈小，动作时间愈长

12. 断路器失灵保护的相电流判别元件的整定值的灵敏系数应（　　）。

A. 大于 1.2　B. 大于 1.3　C. 大于 1.5　D. 大于 1.6

13. 零序电流保护在常见动行方式下，在 220～500 kV 的 205 km 线路末段金属性短路时的灵敏度应大于（　　）。

A. 1.5　B. 1.4　C. 1.3　D. 2.0

14. 零序电流保护在常见运行方式下，应有对本线路末端金属性接地故障时的灵敏系数满足下列要求的延时段保护，50 km 以下的线路，不小于（　　）。

A. 1.5　B. 1.4　C. 1.3　D. 1.6

15. 220 kV 电网按远后备原则整定的零序方向保护的方向继电器的灵敏度应满足（　　）。

A. 本线路末端接地短路时，零序功率灵敏度不小于 2

B. 相邻线路末端接地短路时，零序功率灵敏度不小于 2

C. 相邻线路末端接地短路时，零序功率灵敏度不小于 1.5

（二）多选题

1. 变压器中性点接地运行方式的安排，应尽量保持厂站零序阻抗基本不变，每条母线应至少保证一个接地点（并列运行的母线可以看作一条母线），以下说法正确的是（　　）。

A. 所有自耦变中性点直接接地

B. 对 220 kV 母线并列运行的厂站，当只有一台普通变时，要求该主变高、中压侧中性点直接接地运行

C. 对 220 kV 母线并列运行的厂站，有两台普通变时，则保持一台主变中性点直接接地运行，另一台不接地

D. 对 220 kV 母线并列运行的厂站，有三台普通变时，要求 110 kV 侧分列运行，220 kV 母线上保持一台主变中性点直接接地运行，110 kV 每段母线上都保持一台主变中性点直接接地运行

E. 对 220 kV 母线并列运行的厂站，当有四台普通变时，则要求 220 kV Ⅰ、Ⅱ 段母线上各保持一台主变中性点直接接地运行，其他不接地

2. 高压电网继电保护短路电流计算可以忽略（　　）等阻抗参数中的电阻部分。

A. 发电机　B. 变压器　C. 架空线路　D. 电缆

3. 某超高压单相重合闸方式的线路的接地保护第Ⅱ段动作时限应考虑（ ABC ）。

A. 与相邻线路选相拒动三相跳闸时间配合

B. 与相邻线路接地Ⅰ段动作时限配合

C. 与相邻线断路器失灵保护动作时限配合

D. 与单相重合闸周期配合

4. 系统的最大运行方式是（　　）。

A. 在被保护对象末端短路时，系统的等值阻抗最小

B. 在被保护对象末端短路时，通过保护装置的短路电流最大

C. 变压器中性点接地数目最多

D. 运行的变压器最多

5. 根据《220 kV～750 kV 电网继电保护装置运行整定规程》（DL/T 559—2007），对双回线环网的运行线路，可采取下列措施（　　）来进行整定。

A. 接地距离Ⅰ段按双回线路中的另一回线断开并两端接地的条件整定

B. 零序Ⅰ段按双回线路中的另一回线断开并两端接地的条件整定

C. 后备保护延时段按正常双回线路对双回线路运行并考虑其他相邻一回线路检修的方式进行配合整定。当并行双回线路中一回线路检修停用时，可不改定值，允许保留运行一回线路的后备保护延时段在区外发生故障时无选择性动作，此时要求相邻线路的全线速动保护和母差保护投运

D. 整定配合有困难时，允许双回线路的后备延时保护段之间对双回线路内部故障的整定配合无选择性

6. 根据《220 kV～750 kV 电网继电保护装置运行整定规程》（DL/T 559—2007），零序电流灵敏段保护在常见运行方式下，应对本线路末端金属性接地故障时的灵敏系数满足哪些要求（　　）。

A. 50 km 以下线路，不小于 1.5

B. 50～200 km 线路，不小于 1.3

C. 200 km 以上线路，不小于 1.3

D. 50～200 km 线路，不小于 1.4

7. 根据《3 kV～110 kV 电网继电保护装置运行整定规程》（DL/T 584—2017）对重合闸的整定要求，由于电缆线路多为永久性故障，含电缆线路是否投入重合闸，由一次设备管理部门在投产前向整定计算部门提出书面意见，具体选择时，应遵循以下哪些原则（　　）。

A. 全线敷设电缆的线路，不宜采用重合闸

B. 部分敷设电缆的线路，宜以备用电源自投的方式，提高供电可靠性；视具体情况，也可以投入线路重合闸

C. 含有少部分电缆、大部分架空的线路，在供电可靠性需要时，可投入线路重合闸

D. 部分敷设电缆的线路，可以采取单相故障重合、多相故障闭重的措施

8. 根据《3 kV～110 kV 电网继电保护装置运行整定规程》（DL/T 584—2017），以下对低电阻接地系统中接地变压器的跳闸方式说法正确的是（　　）。

A. 接地变压器接在变电站相应的母线上，零序电流保护动作一时限跳母联或分段并闭锁备用电源自动投入装置；二时限跳接地变压器和供电变压器的同侧断路器

B. 接地变压器接在变电站相应的母线上，零序电流保护动作一时限跳母联或分段并闭锁备用电源自动投入装置；二时限跳接地变压器断路器

C. 接地变压器直接接在变电站变压器相应的引线上，零序电流保护动作一时限跳母联或分段并闭锁备用电源自动投入装置；二时限跳供电变压器同侧断路器；三时限跳供电变压器各侧断路器

D. 接地变压器直接接在变电站变压器相应的引线上，零序电流保护动作一时限跳母联或分段并闭锁备用电源自动投入装置；二时限跳供电变压器同侧断路器

9. 根据《3 kV～110 kV 电网继电保护装置运行整定规程》（DL/T 584—2017），重要枢纽变电站的 110 kV 母线差动保护因故退出危及系统稳定运行时，应采取下列措施（　　）。

A. 尽可能缩短母线差动保护的停用时间

B. 不安排母线及连接设备的检修，尽可能避免在母线上进行操作，减小母线发生故障的概率

C. 应考虑当母线发生故障时，由后备保护延时切除故障，不会导致电网失去稳定；否则应改变母线接线方式、调整运行潮流

D. 必要时，可由其他保护带短时限跳开母联或分段断路器，或酌情按稳定计算提出的要求加速后备保护，此时，如被加速的后备保护可能无选择性跳闸，应备案说明

10. 根据《3 kV～110 kV 电网继电保护装置运行整定规程》（DL/T 584—2017），风电厂小电流接地故障选线装置整定原则有哪些要求（　　）。

A. 汇集系统中性点经消弧线圈接地的升压站应按汇集母线配置小电流接地故障选线装置

B. 汇集线路应配置专用的零序电流互感器，供小电流接地故障选线装置使用

C. 零序电压元件对汇集系统单相接地故障有足够灵敏度，灵敏系数不小于 1.5

D. 接地故障选线装置应具备跳闸出口功能。在发生单相接地故障时，经较短延时（一般不超过 0.5 s）切除故障汇集线路，经较长延时（一般不超过 1 s）跳

主升压变压器低压侧断路器，经更长延时（一般不超过 1.5 s）跳升压变压器各侧断路器

（三）判断题

1. 接地距离Ⅱ段保护阻抗定值对本线路末端金属性接地故障的灵敏系数的要求中有，互感较大的线路应考虑互感的影响，适当降低灵敏系数。（　　）

2. 当 110 kV 电网线路配置阶段式相间和接地距离保护时，允许仅保留切除经电阻接地故障的一段零序电流保护。（　　）

3. 全阻抗继电器的动作特性反映在阻抗平面上的阻抗圆的直径上，它代表全阻抗继电器的整定阻抗。（　　）

4. 线路保护的双重化主要是指两套保护的交流电流、电压和直流电源彼此独立；有独立的选相功能；有两套独立的保护专（复）用通道；断路器有两个跳闸线圈时，每套主保护分别启动一组。（　　）

5. 当采用近后备方式时，在短路电流水平低且对电网不致造成影响的情况下（如变压器或电抗器后面发生短路，或电流助增作用很大的相邻线路上发生短路，等等），要满足相邻线路保护区末端短路时的灵敏性要求，将使保护过分复杂或在技术上难以实现时，可以缩小后备保护作用的范围。（　　）

6. 对于不加方向的零序电流Ⅱ段要躲过背后母线接地短路时流过线路保护的最大零序电流整定。（　　）

7. 校验保护灵敏度应选择可能出现的最不利运行方式，增量型保护取最小运行方式，欠量型保护取最大运行方式。（　　）

8. 采用远后备原则配置保护时，其所有保护装置以及断路器操作回路等可仅由一组直流熔断器或自动开关供电。（　　）

9. 定时限零序电流保护动作特性与故障电流具有天然配合能力，越临近故障点，切除速度越快，对电网稳定越有利。（　　）

10. 对于纵联保护，应保证被保护范围末端发生金属性故障或电阻性故障时有足够灵敏度。对接地电阻的要求：220 kV 线路，100 Ω；330 kV 线路，150 Ω；500 kV 线路，300 Ω；750 kV 线路，400 Ω。（　　）

八、规程、规范

（一）单选题

1. 传输线路纵联保护信息的数字式通道传输时间应（　　）。

A. 无规定　　B. 不大于 12 ms　　C. 不大于 15 ms　　D. 不小于 5 ms

2. 如线路短路使发电厂厂用母线或重要用户母线电压低于额定电压的（　　）以及线路导线截面过小，不允许带时限切除短路时，应快速切除故障。

A. 40%　　B. 50%　　C. 60%　　D. 70%

3. 保护装置竣工验收应重点检查装置主要功能、（　　）及二次回路接线正确性。

A. 保护定值　　B. 保护压板　　C. 保护控制字　　D. 保护方式

4. 数字式保护装置，不满足相关技术规程要求的是（　　）。

A. 宜将被保护设备或线路的主保护（包括纵联保护等）及后备保护综合在一整套装置内

B. 主后一体化的保护共用直流电源输入回路及交流电压互感器和电流互感器的二次回路

C. 主后一体化的保护应能反应被保护设备或线路的各种故障及异常状态，并动作于跳闸或给出信号

D. 对仅配置一套主保护的设备，可采用主后一体化的保护装置

5. 继电保护装置的定期检验分为全部检验、部分检验、（　　）。

A. 验收检验　　B. 事故后检验　　C. 用装置进行断路器跳合闸试验

6. 按照相关整定规程的要求，解列点上的距离保护（　　）。

A. 不应经振荡闭锁控制　　　　B. 不宜经振荡闭锁控制
C. 须经振荡闭锁控制　　　　　D. 可经振荡闭锁控制

7. 确保 220 kV 及 500 kV 线路单相接地时线路保护能可靠动作，允许的最大过渡电阻值分别是（　　）。

A. 100 Ω，100 Ω　　　　　　B. 100 Ω，200 Ω
C. 100 Ω，300 Ω　　　　　　D. 100 Ω，150 Ω

8. （　　）以上的发电机应装设纵联差动保护。

A. 1 MW　　B. 5 MW　　C. 10 MW　　D. 0.5 MW

9. 《线路保护及辅助装置标准化设计规范》（Q/GDW 1161—2014）要求：为便于调试，保护装置应设置打印机接口，打印波特率默认为（　　）。

A. 4 800 bps　　B. 9 600 bps　　C. 19 200 bps　　D. 38 400 bps

10. 《线路保护及辅助装置标准化设计规范》（Q/GDW 1161—2014）要求，智能化保护装置双点开关量输入定义：（　　）为合位。

A. 00　　B. 01　　C. 10　　D. 11

11. 根据新"六统一"规范，失灵保护动作经母线保护出口时，应在母线保护装置中设置灵敏的、不需整定的电流元件并带（　　）ms 的固定延时。

A. 50　B. 30　C. 40　D. 20

12. 按照《变压器、高压并联电抗器和母线保护及辅助装置标准化设计规范》（Q/GDW 1175—2013）母线保护设计要求，母线保护装置中各线路支路断路器失灵电流判别采用相电流、零序电流（或负序电流）的（　　）逻辑。

A. "或门"　B. "与门"　C. "非门"　D. "异或门"

13. 《继电保护信息规范》（Q/GDW 11010—2015）要求：线路保护面板显示检修灯为（　　）色。

A. 黄　B. 绿　C. 红

14. 以下哪一项不属于《继电保护信息规范》中的"告警信息"（　　）。

A. 故障信号（dsAlarm）　　　　B. 告警信号（dsWarning）
C. 保护功能闭锁（dsRelayBlk）　D. 装置运行状态（dsDeviceState）

15. 以下哪项是《继电保护信息规范》中"人机界面信息"包含的信息（　　）。

A. 保护动作报文　　　　　　B. 在线监测信息
C. 面板指示灯　　　　　　　D. 状态变位信息

（二）多选题

1. 220 kV 及其以上电压等级的继电保护及与之相关的设备、网络等应按照双重化原则进行配置，双重化配置的继电保护应遵循以下要求（　　）。

A. 每套完整、独立的保护装置应能处理可能发生的所有类型的故障。两套保护之间不应有任何电气联系，一套保护异常或退出时不应影响另一套保护的运行

B. 两套保护的电压（电流）采样值应分别取自相互独立的合并单元

C. 双重化配置保护使用的 GOOSE（SV）网络应遵循相互独立的原则，一个网络异常或退出时不应影响另一个网络的运行

D. 双重化的两套保护及相关设备（电子式互感器、合并单元、智能终端、网络设备、跳闸线圈等）的直流电源一一对应

2. 按照《国家电网有限公司关于印发十八项电网重大反事故措施（修订版）的通知》（国家电网设备〔2018〕979 号），220 kV 及其以上电压等级的线路保护应满足以下要求（　　）。

A. 每套保护均应能对全线路内发生的各种类型故障快速动作切除；对于要求实现单相重合闸的线路，在线路发生单相经高阻接地故障时，应能跳闸

B. 对于远距离、重负荷线路及事故过负荷等情况，继电保护装置应采取有效措施，防止相间、接地距离保护在系统发生较大的潮流转移时误动作

C. 引入两组及其以上电流互感器构成合电流的保护装置，各组电流互感器应分别引入保护装置，不应通过装置外部回路形成合电流

D. 应采取措施，防止由于零序功率方向元件的电压死区导致零序功率方向纵联保护拒动，但不应采用过分降低零序动作电压的方法

3. 电缆及导线的布线应符合下列哪些要求（　　）。

A. 交流和直流回路不应合用同一根电缆

B. 强电和弱电回路不应合用同一根电缆

C. 保护用电缆与电力电缆不应同层敷设

D. 交流电流和交流电压不应合用同一根电缆

4. 继电保护评价范围包括以下设施和环节（　　）。

A. 供继电保护装置使用的从交流电流、电压互感器二次绕组的接线端子或接线柱接至继电保护装置的全部连线，包括电缆、导线、接线端子、试验部件、电压切换回路等

B. 开关量输入、输出回路（含断路器机构箱、汇控柜端子排往本体方向设备和电缆，含变压器、电抗器等设备本体端子箱端子排往本体方向设备和电缆）

C. 保护装置至保护与通信专业运行维护分界点

D. 自直流电源分配屏至断路器汇控柜（机构箱）间供继电保护用的全部回路

5. 根据《继电保护和电网安全自动装置检验规程》，运行中保护装置的补充检验包括（　　）。

A. 对运行中的保护装置进行较大的更改（含保护装置软件版本升级）或增设新的回路后的检验

B. 检修或更换一次设备后的检验

C. 运行中发现异常情况后的检验

D. 事故后检验

E. 已投入运行的保护装置停电一年及其以上，再次投入运行时的检验

6. 根据《继电保护和安全自动装置技术规程》，配置 35～66 kV 线路保护时，在下列什么情况下应快速切除故障（　　）。

A. 线路短路，使发电厂厂用母线电压低于额定电压的 60% 时

B. 切除线路故障时间长，可能导致线路失去热稳定时

C. 城市配电网络的直馈线路，保证供电质量时

D. 与高压电网邻近的线路，如切除故障时间长，可能导致高压电网产生稳定问题

7. 根据《线路保护及辅助装置标准化设计规范》，线路保护、重合闸及操作箱（智能终端）配置原则应满足以下哪些要求（　　）。

A. 配置双重化的线路纵联保护，每套纵联保护包含完整的主保护、后备保护以及重合闸功能

B. 当系统需要配置过电压保护时，配置双重化的过电压及远方跳闸保护，远方跳闸保护应采用"一取一"经就地判别方式

C. 当系统需要配置过电压保护时，配置双重化的过电压及远方跳闸保护，远方跳闸保护应采用"二取一"经就地判别方式

D. 常规站配置双套单跳闸线圈分相操作箱或单套双跳闸线圈分相操作箱，智能站配置双套单跳闸线圈分相智能终端

8. 根据《线路保护及辅助装置标准化设计规范》，纵联电流差动保护技术原则中以下哪些内容是正确的（　　）。

A. 纵联电流差动保护两侧启动元件和本侧差动元件同时动作才允许差动保护出口。线路两侧的纵联电流差动保护装置均应设置本侧独立的电流启动元件，必要时可用交流电压量和跳闸位置触点等作为辅助启动元件，但应考虑PT断线时对辅助启动元件的影响，差动电流不能作为装置的启动元件

B. 线路两侧纵联电流差动保护装置应互相传输可供用户整定的通道识别码，并对通道识别码进行校验，校验出错时告警并闭锁差动保护

C. 纵联电流差动保护装置应具有通道监视功能，如实时记录并累计丢帧、错误帧等通道状态数据，具备通道故障告警功能

D. 纵联电流差动保护在任何弱馈情况下，应正确动作

E. 纵联电流差动保护两侧差动保护压板不一致时发告警信号

F. "CT断线闭锁差动"控制字投入后，纵联电流差动保护只闭锁断线相

9. 根据《变压器、高压并联电抗器和母线保护及辅助装置标准化设计规范》，变压器高压侧后备保护配置包括以下哪些内容（　　）。

A. 间隙过流保护，设置一段一时限，间隙过流和零序过压两者构成"或"逻辑，延时跳开变压器各侧断路器

B. 零序过压保护，设置一段一时限，零序电压可选自产或外接。零序电压选外接时固定为180 V，选自产时固定为120 V，延时跳开变压器各侧断路器

C. 失灵联跳功能，设置一段一时限。变压器高压侧断路器失灵保护动作后经变压器保护跳各侧断路器。变压器高压侧断路器失灵保护动作开入后，应经灵敏的、不需整定的电流元件并带 50 ms 延时后跳开变压器各侧断路器

D. 过负荷保护，设置一段一时限，定值固定为本侧额定电流的 1.1 倍，延时 10 s，动作于信号

10. 220 kV 标准化设计保护软、硬压板一般采用"与门"关系，但以下却为"或门"关系（　　）。

A. 线路"停用重合闸"压板　　B. 线路"主保护"压板

C. 母线"互联"压板　　D. 主变"高后备保护"压板

（三）判断题

1. 微机线路保护应具有独立性、完整性、成套性，一套装置内应含有高压输电线路必需的能反应各种故障的保护功能。（　　）

2. 继电保护设备应支持远方召唤至少最近十次录波报告的功能。（　　）

3. "CT 断线闭锁差动"控制字投入后，纵联电流差动保护只闭锁断线相。（　　）

4. 线路保护发送端的远方跳闸和远传信号经 10 ms（不含消抖时间）延时确认后，发送信号给接收端。（　　）

5. 新的"六统一"原则包括功能配置统一的原则、端子排布置统一的原则、屏柜压板统一的原则、装置软件界面统一的原则。（　　）

九、新技术

（一）单选题

1. 直流系统运行方式有（　　）。

A. 单极大地回线方式　　B. 双极方式

C. 单极金属回线方式　　D. 以上均包括

2. 换流站的交流滤波器具有（ A ）功能。

A. 无功功率补偿和滤波　　B. 避免谐波流入换流站

C. 降低容性电压　　D. 提高系统稳定能力

3. 单极金属回线运行时，线路损耗约为双极运行时一个极损耗的（　　）。

A. 1 倍　B. 2 倍　C. 3 倍　D. 4 倍

4. 直流分量流过换流变压器阀侧绕组时发生直流偏磁现象，会使铁芯饱和，导致（　　）。

A. 铁损减少和噪声降低　　　　　B. 铁损增加和噪声降低

C. 铁损减少和噪声增大　　　　　D. 铁损增加和噪声增大

5. 用有载调压变压器的调压装置调整电压时，对系统来说（　　）。

A. 起不了多大作用　　　　　　　B. 能提高功率因数

C. 补偿不了无功功率不足　　　　D. 降低功率因数

6. 换流器在运行中消耗的无功功率与直流输电的输送容量（　　）。

A. 成反比　B. 成非线性　C. 成正比　D. 无关系

7. 目前工程上所采用的基本换流单元有（　　）脉动换流单元和（　　）脉动换流单元两种。

A. 3、9　B. 6、12　C. 6、9　D. 3、12

8. 保护动作后有再启动逻辑的是（　　）。

A. 直流谐波保护　　　　　　　　B. 交流低压保护

C. 线路行波保护　　　　　　　　D. 换流变差动保护

9. 属于阀侧星形接线绕组差动保护的后备保护的是（　　）。

A. 换流器差动保护　　　　　　　B. 阀侧星形接线绕组过流保护

C. 换相失败保护　　　　　　　　D. 换流阀保护

10. 直流系统中整流器会（　　）无功功率，逆变器会（　　）无功功率。

A. 吸收、产生　B. 吸收、吸收　C. 产生、吸收　D. 产生、产生

11. 根据直流输电工程的经验、目前晶闸管的制造水平以及触发控制系统的性能水平，整流器的触发角一般取15°左右，最小值为（　　），逆变器的熄弧角一般取（　　）。

A. 8°、15°～17°　　　　　　　B. 5°、15°～18°

C. 5°、15°～17°　　　　　　　D. 8°、15°～18°

12. 500 kV 高压直流系统输送相同有功功率的情况下，降压运行时，吸收的无功功率比全压运行时（　　）。

A. 增大　B. 减小　C. 不变　D. 不确定

13. 不属于 12 脉动换流器交流侧的特征谐波的是（　　）。

A. 11　B. 12　C. 13　D. 23

14. 交流滤波器组除了能吸收高次谐波外，还能提供工频的（　　）。

A. 无功功率　B. 有功功率　C. 电压　D. 电流

15.交流滤波器大组母线（　　）才能投切母线所带的滤波器，（　　）用交流滤波器大组所在 500 kV 馈线串断路器投切滤波器。

A.充电运行前，允许　　　　　　B.充电运行前，不允许

C.充电运行后，允许　　　　　　D.充电运行后，不允许

（二）多选题

1.两端直流输电系统主要由下列哪些部分组成（　　）。

A.整流站　B.逆变站　C.直流输电线路　D.接地极

2.关于换流站非电量保护，下列说法正确的是（　　）。

A.换流站消防系统、空调系统相关保护不应发闭锁直流命令。如厂家有特殊要求，应经省级公司生技部审核后报总部生技部备案

B.换流变和平波电抗器本体重瓦斯应投跳闸

C.换流变和平波电抗器本体轻瓦斯、压力释放、速动压力继电器、油位传感器投报警，冷却器全停投报警

D.换流变有载分接开关仅配置了油流或速动压力继电器一种的，应投跳闸；配置了油流和速动压力继电器的，油流应投跳闸，压力应投报警

3.下列哪些保护属于直流滤波器保护（　　）。

A.失谐告警　　　　　　　　　B.直流滤波器差动保护

C.电容不平衡保护　　　　　　D.直流滤波器过负荷保护

4.绝对最小滤波器组数不满足可能导致的后果有（　　）。

A.自动降功率　B.自动投滤波器　C.自动切滤波器　D.闭锁极

5.运行期间，换流变压器及油浸式平波电抗器的（　　）保护应投跳闸。

A.轻瓦斯

B.重瓦斯

C.换流变压器有载分接开关油流保护

D.换流变压器有载分接开关压力释放保护

6.断路器、隔离开关和接地开关电气闭锁回路应直接使用（　　）、（　　）、（ ABC ）的辅助触点，严禁使用重动继电器操作断路器、隔离开关等设备时，应确保待操作设备及其状态正确，并以现场状态为准。

A.断路器　B.隔离开关　C.接地开关　D.变压器

7.和固定串联补偿相比较，可控串联补偿有哪些优点（　　）。

A.可进行连续调节

B.可抑制次同步振荡

C. 发生故障时可限制短路电流

D. 控制策略较简单，对阀组冷却要求低

8. 串联补偿装置所在电网继电保护应考虑串联补偿装置的哪些影响（　　）。

A. 串联电容补偿度、电压反向、电流反向

B. 暂态低频分量、LC 谐振

C. 电容的过电压保护性能

D. 电压互感器安装位置

9. UPFC 投运后，将影响电网系统（　　）。

A. 距离保护　　　　　　　　B. 差动保护

C. 工频变化量方向保护　　　D. 零序电流保护

10. UPFC 装置可以看作由 STATCOM 和 SSSC 并联形成。通过调整相应的控制策略，可以使 UPFC 作为 STATCOM 运行，只实现（　　）的功能，或作为 SSSC 运行，只实现（　　）的功能；也可以（　　）整体投入运行，作为 UPFC 实现本身的功能。

A. 并联侧　B. 串联侧　C. 串并联侧

（三）判断题

1. 试验观测结果表明，如果特高压线路采用合理的导线结构和布置方式，就不会对人类生活及其所依赖的生态环境造成危害，各项环境影响的控制指标甚至可能低于已运行的 500 kV、750 kV 超高压线路。（　　）

2. TCSC 即晶闸管控制串联电容器补偿装置，是将串联有晶闸管阀及其电抗器的电容器串接于输电线路中，并配有旁路开关、隔离开关、串联补偿平台、支撑绝缘子、控制保护系统等辅助设备组成的装置，简称可控串联补偿。（　　）

3. 触发角在 $\alpha_{Cmin} \sim 180°$ 时，TCSC 处于感抗调节模式；触发角在 $90° \sim \alpha_{Lmax}$ 时，TCSC 处于容抗调节模式。（　　）

4. 可控串联补偿与固定串联补偿相比可引起次同步振荡。（　　）

5. 线路故障发生后，若串联补偿电容器的储能未释放，则电容器和并联高压并联电抗器、短路点弧道电阻组成低频振荡回路，显著增加潜供电流的暂态分量，延迟了潜供电弧熄灭的时间。（　　）

6. 线路联动串联补偿功能，线路跳闸命令发给串联补偿保护，用火花间隙或旁路开关将串联补偿旁路，加快潜供电弧的熄灭。（　　）

第二节 主观题

一、基础理论

1. 在 110 kV 出线保护回路中，TA 的中性线不通，试分析正常时和发生故障时对保护装置有什么影响。

答：_____

2. 反应输电线路一侧电气量变化的保护（如距离保护、零序保护）为什么不能瞬时切除本线路全长范围内的故障？

答：_____

3. 简述中性点经消弧线圈接地系统发生单相接地故障时，利用零序电流和零序功率方向实现故障选线存在的问题。其他两相的电压数值和相位发生什么变化？故障线路的零序电流、零序电压的相位关系如何？非故障线路呢？故障线路与非故障线路零序电流的大小有何特点？

答：_____

4. 人们在变压器铭牌上经常看到一个参数叫作短路电压百分比 $U_K\%$。请问 $U_K\%$ 的含义是什么？知道 $U_K\%$ 后，能否知道短路电抗标幺值？

答：_____

5. 电力系统在什么情况下会出现零序电流？试举 5 种例子。

答：_____

6. 电力系统振荡和短路的主要区别是什么？电力系统发生振荡时，什么情况下电流最大，什么情况下电流最小？

答：_____

7. 试分析各种不同类型短路时，电压各序分量的变化规律。

答：_____

8. 影响流过保护的零序电流大小的因素有哪些？

答：_____

9. 零序功率方向灵敏角是否与线路保护定值项中的"线路零序灵敏角"的含义相同，为什么？简述两者各自在保护继电器中的作用。

答：_____

10. 简述在输电线路非全相运行时零序方向继电器的动作行为。

答：_____

二、线路保护

1. 下列逻辑图（图2-1）为某远方跳闸逻辑图的一部分。解释该部分逻辑图代表的含义。

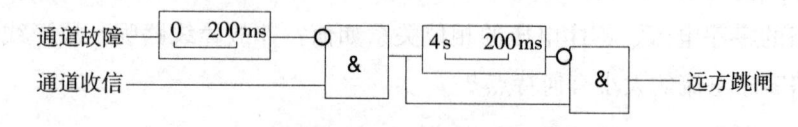

图 2-1 某远方跳闸逻辑图的一部分

答：_____

2. 某 220 kV 变电站的主变压器低压侧发生短路故障，并将站内直流系统的硅链烧毁，造成全站直流消失，全站各保护均无法动作。故障经一段时间后，发展为 220 kV 侧故障，变电站对侧所有线路的保护装置均由于故障由区外发展到区内的时间超过了保护装置的开放时间而闭锁，最终故障靠烧损一次导线而终结。分析事故，应采取哪些措施？

答：_____

3. 某 220 kV 线路采用单相重合闸方式，在线路单相瞬时故障发生时，一侧单跳单重，另一侧直接三跳。排除断路器本体故障，试说出5种造成此现象的原因。

答：_____

4. 光纤差动保护通道连接情况如图 2-2 所示，M 侧母线接有大电源，N 侧母线无电源。当线路 IN 侧区内出口短路故障发生时，分析线路 I 和线路 II 两侧差动保护的动作情况。

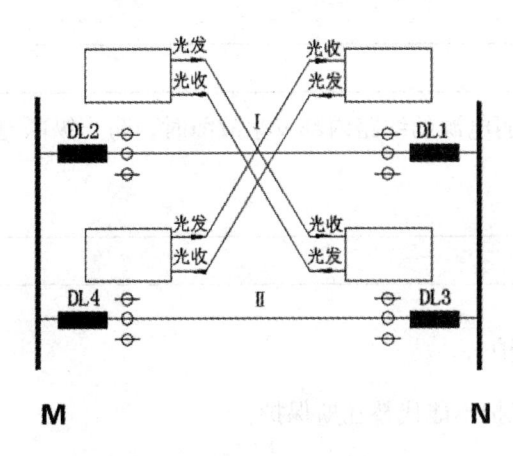

图 2-2　光纤差动保护通道连接情况

答：_____

5. 引起光纤差动保护差流异常的可能因素有哪些？

答：_____

6. 国产的光纤分相电流差动保护差流达到一定值时会发"长期有差流"的告警信号。此时装置发告警信号的原因可能是什么？若此时相邻线路发生故障，在未采取措施时会发生什么情况？

答：_____

7. 线路光纤差动电流保护增加"对侧差动允许信号"才能出口跳闸的目的是什么？南瑞继保新"六统一"线路光纤差动保护在什么条件下向对侧发差动动作允许信号？

答：_____

8. 某 220 kV 带载线路两侧各配置一套 PCS-931 新"六统一"保护装置，两侧保护装置投单重，CT 断线闭锁差动投入，本侧发生 B 相 CT 断线。请分析该装置本侧和对侧线路保护相关逻辑的处理原则。

答：_____

9. 请简述线路光纤纵联电流差动保护需要解决的主要问题有哪些。

答：_____

10. 在有一侧为弱电源的线路内部发生故障时，防止纵联电流差动保护拒动的措施是什么？

答：_____

三、变压器保护

1. 为什么差动保护不能代替瓦斯保护？

答：_____

2. 某变压器接线组别为 YNd1 接线方式，线变组运行，差动保护的移相方式为高压侧移相。某日变压器差动保护动作，微机保护装置事件报告显示变压器 B、C 两相差动元件动作，变压器高压侧套管 TA 三相电流波形如图 2-3 所示，经现场检查，差动保护正确动作。请分析故障类型、故障相别及故障点所在位置，分析变压器低压侧运行工况，并说明理由。

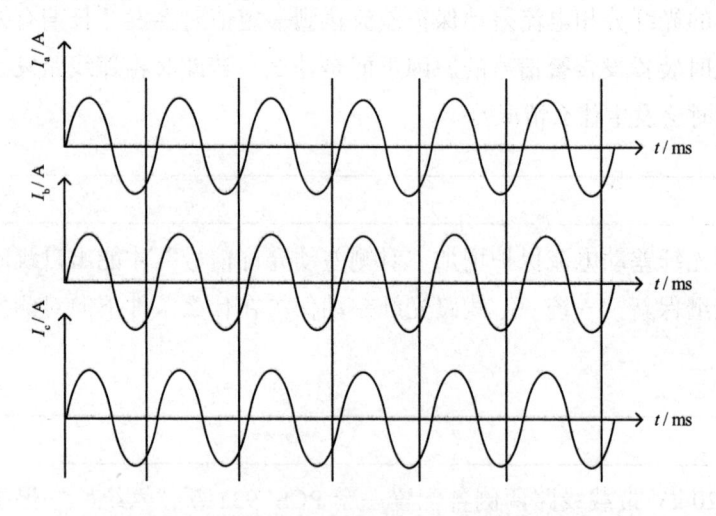

图 2-3 变压器高压侧套管 TA 三相电流波形

答：_____

3. 已知变压器的接线为 YNd1，两侧差动 TA 的接线均为 Y，由软件在高压侧移相，纵差保护的整定值为初始动作电流 I_{dz0}=2 A，拐点电流 I_{zd0}=2 A，制动系数 K_z=0.5，以最大侧为制动、低压侧为基准值，两侧之间的平衡系数为 1.2（未考虑 $\sqrt{3}$），现按图 2-4 所示加电流 20 A。请分别算出 A 相、B 相、C 相差动元件中的差流。

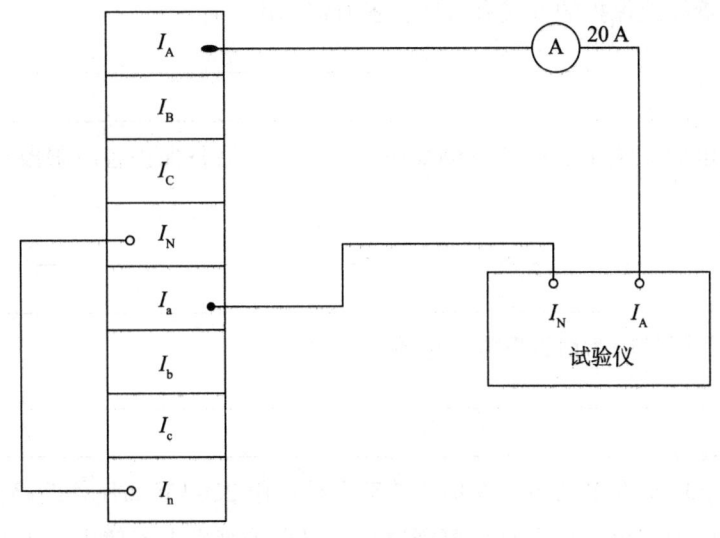

图 2-4　加电流 20 A

答：_____

4. 主变压器接地后备保护中零序过电流与间隙过流的 TA 是否应该共用一组，为什么？

答：_____

5. 变压器间隙保护由间隙电流保护和间隙电压保护组成。那么间隙电流保护和间隙电压保护启动同一个时间继电器吗？为什么？

答：_____

6. 220 kV 变压器保护的高压侧配置了零序过压保护，主要目的是防止系统接地点失去后变压器 220 kV 侧中性点发生过电压，一般零序过压保护 0.5 s 动作，跳开主变各侧开关。220 kV 侧的 PT 开口三角形绕组额定电压为 100 V，当零序过压保护采用 PT 三次侧（开口三角形绕组）电压输入时，相关规程推荐零序过压保护定值为 180 V。请从灵敏度和可靠性等方面叙述零序过压保护定值取 180 V

·109·

的原因。（提示：大电流接地系统定义是在系统中任一点发生故障，零序综合阻抗均小于 3 倍正序综合阻抗。）

答：_____
_____

7. 变压器接地保护的方式有哪些？各有何作用？

答：_____
_____

8. 单侧电源双绕组变压器各侧反应相间短路的后备保护各时限段动作于哪些断路器？

答：_____
_____

9. 变压器保护中为何设置零序电流电压保护？

答：_____
_____

10. 某 220 kV 变电站主变保护，差动保护使用 220 kV 高压侧断路器 TA 二次绕组。设计时误将该变压器高压侧断路器失灵保护判别电流使用变压器本体高压侧套管 TA 电流。请问这样设计是否合理？为什么？

答：_____
_____

四、母线及辅助保护

1. 试述 220 kV 母差保护的验收重点（至少说出 5 条）。

答：_____
_____

2. 母线保护中，某间隔投入压板退出时对保护的影响有哪些？

答：_____
_____

3. 对于双母线接线，失灵电流判据采用母线保护装置内部的失灵电流判别功能，线路支路和变压器支路分别采用何种判别逻辑，为什么？

答：_____
_____

4. 母线差动保护电流回路断线闭锁动作应如何检查？

答：_____

5. 简述 220 kV 线路、母联、主变间隔 CT 单侧配置时，当断路器与 CT 之间死区发生故障，故障分别由哪些保护动作切除。

答：_____

6. 为什么除双母双分段分段断路器以外的母联和分段经两段母线电压"或门"闭锁，双母双分段分段断路器不经电压闭锁？

答：_____

7. 某双母线接线形式的变电站中，装设有母差保护和失灵保护。当一组母线电压互感器出现异常，需要退出运行时，是否允许母线维持正常方式且仅使电压互感器二次并列运行？为什么？

答：_____

8. 简述 SV 报文品质对母线差动保护的影响。

答：_____

9. 为防止母差保护单一通道数据异常导致装置被闭锁，母差保护按照光纤数据通道的异常状态有选择性地闭锁相应的保护元件。简述具体处理原则。

答：_____

10. 为什么母线差动保护的暂态不平衡电流的最大值不是出现在短路的最初时刻？

答：_____

五、二次回路

1. 某变电站有两套相互独立的直流系统，同时出现了直流接地告警信号。其中，第一组直流电源为正极接地，第二组直流电源为负极接地。现场利用拉、合直流熔断器的方法检查直流接地情况时发现：当断开某断路器（该断路器具有两组跳闸线圈）的任一控制电源时，两套直流电源系统的直流接地信号同时消失。请问如何判断故障的大致位置？为什么？

答：_____

_____

2. 为什么在操作箱回路中，跳闸位置监视与合闸回路的连接应便于断开？

答：_____

_____

3. 直接接地系统发生单相接地短路时，非故障相中的故障分量电流是如何分布的？

答：_____

_____

4. 区外短路 TA 饱和会造成差动保护误动。利用差动电流和制动电流突变量出现的"时间差"判别 TA 饱和。请说明其道理。

答：_____

_____

5. 为什么继电保护交流电流和电压回路要有接地点，并且只能一点接地？

答：_____

_____

六、智能站

1. 智能终端闭锁重合闸的组合逻辑是什么？

答：_____

_____

2. 简述双母线接线方式下，合并单元发生故障或失电时，线路保护装置的处理方式。

答：_____

_____

3. 某 220 kV 智能站 220 kV 主接线为双母线，母联 TA 靠近 I 母侧，采用 BP-2C 母线保护装置，母联开关并列运行，此时母差保护显示与母联智能终端之间 GOOSE 断链，母联智能终端上没有告警信号。由于运行方式调整，母联开关分列运行，分列软压板投入，但运行人员没有发现母线保护告警。若此时发生死区故障，请阐述母线保护的动作行为。

答：_____

4. 双母线接线的母差保护采用点对点连接时，哪些信息采用点对点连接的 GOOSE 传输，哪些信息采用 GOOSE 组网传输？

答：_____

5. 如何检验智能终端输出 GOOSE 数据通道与装置开关量输入关联的正确性？若不正确，应如何检查？

答：_____

6. 当某一母线 TV 检修或者三相电压失去时，如何处置？

答：_____

7. 对于 220 kV 双母双分段接线的母线保护，请分析电流互感器、母线电压互感器 SV 无效时的处理原则。

答：_____

8. 某班组在进行智能站保护整组试验过程中，模拟 A 相故障，但开关实际跳开 B 相。请分析可能的原因。

答：_____

9. 根据国网保护装置标准化设计规范，请简述智能站中 220 kV 及其以上电压等级线路保护和元件保护 GOOSE、SV 软压板设置的异同点。

答：_____

10. 以下是某网络报文记录分析仪监测的一帧完整的 SV 采样报文（IEC 61850-9-2，采样通道顺序：IA1、IA2、IB1、IB1、IC1、IC2、I01、I02、I0、UA、UB、UC、IA、IB、IC）。分析该报文，回答以下问题。

01 0C CD 04 01 44 52 47 51 20 26 D0 81 00 A0 14 88 BA 41 44 00 B5 00 00 00
00 60 81 AA 80 01 01 A2 81 A4 30 81 A1 80 0F 54 46 44 32 43 30 33 42 5F 31 38
4D 55 30 31 82 02 09 A7 83 04 00 00 00 01 85 01 01 87 81 80 00 00 00 01 F4 00 00 00
00 00 00 13 51 00 00 00 00 00 00 14 C1 00 00 00 00 FF FF E3 63 00 00 00 00 FF FF
DC 58 00 00 00 00 FF FF EA F6 00 00 00 00 FF FF F2 89 00 00 00 00 FF FF FF 2D

00 00 00 00 FF FF FC 6C 00 00 00 00 00 00 01 D1 00 00 00 00 00 00 00 00 00 00 00 00 00 00 00 00 00 00 00 00 00 00 00 00 00 00 00 00 03 93 00 00 00 00 00 00 04 A6 00 00 00 00 00 00 01 D4 00 00 00 00

（1）解析其 Destination MAC 和 Source MAC。

（2）写出该报文的网络数据类型、APP ID（十六进制）以及 APP Length（十进制）。

（3）该报文包含的 ASDU 数目是几个？

（4）该报文的采样计数器的采样序号是多少？

（5）该报文的配置版本号是多少？

（6）该报文的同步状态如何？

（7）写出 SV 采样报文的额定延迟时间和 I_{A1} 的值为多少。

（8）请问 SV 采样报文各通道的品质是否异常？

答：_____

11. 以下是某网络报文记录分析仪监测的一帧完整的 GOOSE 报文。请回答以下问题：

01 0C CD 01 01 4A 52 47 51 20 25 F0 81 00 00 02 88 B8 01 4A 02 18 00 00 00 00 61 82 02 0C 80 1B 4C 4E 31 43 30 31 5F 31 39 52 50 49 54 2F 4C 4C 4E 30 24 47 4F 24 67 6F 63 62 32 81 04 00 00 27 10 82 1B 4C 4E 31 43 30 31 5F 31 39 52 50 49 54 2F 4C 4C 4E 30 24 64 73 47 4F 4F 53 45 32 83 1B 4C 4E 31 43 30 31 5F 31 39 52 50 49 54 2F 4C 4C 4E 30 24 47 4F 24 67 6F 63 62 32 84 08 4F 8F 9B C2 6C 8A E8 00 85 04 00 00 00 1B 86 04 00 14 D1 31 87 01 00 88 04 00 00 00 01 89 01 00 8A 01 3C AB 82 01 86 83 01 00 91 08 4F 16 24 3B 12 6E 88 20 83 01 00 91 08 4F 17 7D BD 00 C4 9B 00 83 01 00 91 08 4F 16 24 3B 12 6E 88 20 83 01 00 91 08 4F 16 24 3B 12 6E 88 20 83 01 00 91 08 4F 16 25 4E 3F BE 41 00 83 01 00 91 08 4F 16 24 3B 12 6E 88 20

83 01 00 91 08 4F 16 24 3B 12 6E 88 20 83 01 00 91 08 4F 16 24 3B 12 6E 88 20 83 01 00 91 08 00 00 04 70 1D B2 14 00 83 01 00 91 08 00 00 00 01 30 FC EC BC 00 83 01 00 91 08 00 11 50 83 3A 9F 8D 00 83 01 00 91 08 4F 16 24 65 1E 76 AF 20 83 01 00 91 08 00 11 3F C4 2B 43 71 00 83 01 00 91 08 00 11 3F C4 2B 01 E8 00 83 01 00 91 08 00 11 3F C4 2B 01 E8 00 83 01 01 91 08 4F 16 24 3B 16 45 8F 20 83 01 00 91 08 4F 16 24 3B 12 6E 88 20 83 01 00 91 08 4F 16 24 3B 12 6E 88 20 83 01 00

91 08 4F 16 24 3B 12 6E 88 20 83 01 00 91 08 4F 16 24 3B 12 6E 88 20 83 01 00 91 08 4F 16 24 3B 12 6E 88 20 83 01 00 91 08 4F 16 24 3B 12 6E 88 20 83 01 00 91 08 4F 16 24 3B 12 6E 88 20 83 01 00 91 08 4F 16 24 3B 12 6E 88 20 83 01 00 91 08 4F 16 24

3B 12 6E 88 20 83 01 00 91 08 4F 16 24 3B 12 6E 88 20 83 01 00 91 08 4F 16 24 3B 12 6E 88 20 83 01 00 91 08 4F 16 24 3B 12 6E 88 20 83 01 00 91 08 4F 16 24 3B 12 6E 88 20 83 01 00 91 08 4F 16 24 3B 12 6E 88 20

（1）该 GOOSE 报文的 APP ID（十六进制）和 APP 长度（十进制）。

（2）该 GOOSE 报文的 PDU 长度（十进制）和 Time Allowed To Live（TTL）（十进制）。

（3）该 GOOSE 报文的 StNum（十进制）和 SqNum（十进制）。

（4）该 GOOSE 报文的 Entries Number（十进制），该报文发送装置是否检修。

答：_____

12. 工程应用中，GOOSE 通信机制中报文优先级如何分类？

答：_____

13. GOOSE 和 SV 报文 MAC 地址范围建议如何分配？优先级默认值分别为多少？以太网类型及 APP ID 分别是什么？

答：_____

14. 简述合并单元失步后的处理机制。

答：_____

15. 为什么智能终端发送的外部采集开关量需要带时标？

答：_____

七、互感器

1. 电压互感器二次绕组和辅助绕组接线以及电流回路二次接线如图 2-5 所示。图 2-5（a）中电压互感器二次绕组和辅助绕组接线有何错误？为什么？图 2-5（b）中电流回路二次接线有何错误？为什么？

（a）　　　　　　　　　（b）

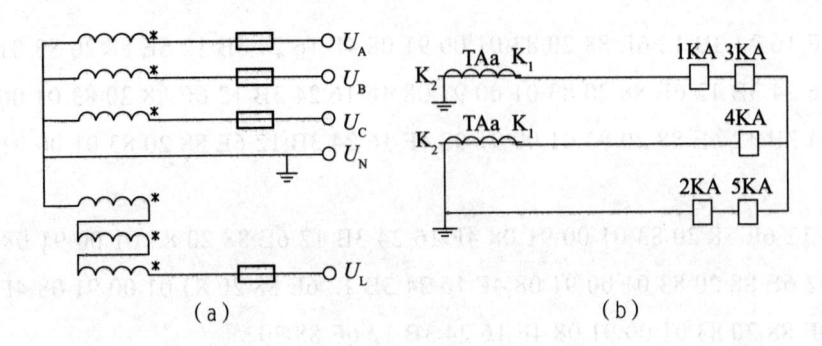

图 2-5　电压互感器二次绕组和辅助绕组接线以及电流回路二次接线

答：_____

_____

2. 在图 2-6 的电路中，K 点发生了直流接地。试说明故障点排除之前，如果接点 A 动作，会对继电器 ZJ2 产生什么影响。（图 2-6 中 C 为抗干扰电容。可不考虑电容本身的耐压问题。ZJ2 为快速中间继电器）

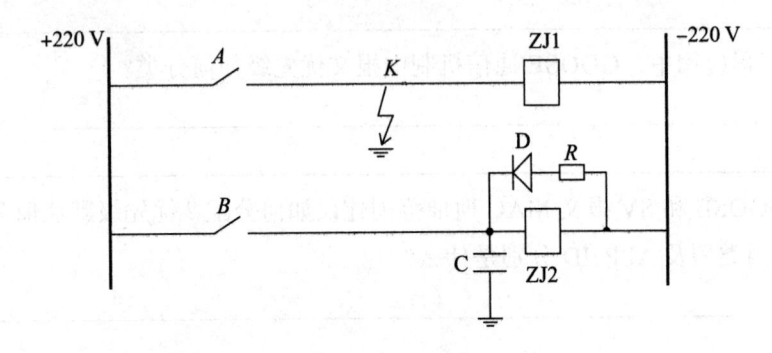

图 2-6　电路图

答：_____

_____

3. 电压互感器的开口三角形回路中为什么一般不装熔断器？

答：_____

_____

4. 电压互感器二次中性线两点接地，在系统正常运行或系统中发生两相短路时，对保护装置的动作行为是否有影响？

答：_____

_____

5. 什么叫电压互感器反充电？对保护装置有什么影响？

答：_____

6. 某电流互感器变比为 600/5，带有 3 Ω 负载（含电流互感器二次漏抗）。已测得此电流互感器二次伏安特性如图 2-7 所示。试分析一次最大短路电流为 4 800 A 时，此电流互感器变比误差是否满足 10% 的要求。如有一组同型号、同变比的备用电流互感器，可采取什么措施来满足要求，并校验变比误差是否满足 10% 的要求。

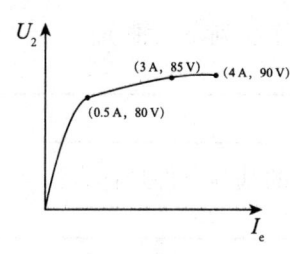

图 2-7　电流互感器二次伏安特性

答：_____

7. 对接入母线保护的电流互感器有何要求？

答：_____

8. 简述变电站间隔投运时判断极性结果的标准。

答：_____

9. 电流互感器的二次负载阻抗如果超过了其允许的二次负载阻抗，为什么准确度就会下降？

答：_____

10. 差动保护用电流互感器在最大穿越性电流时的误差超过 10%。可以采取什么措施防止误动作？

答：_____

八、安自装置

1. 备用电源自动投入装置应符合什么要求？

答：_____

2. 操作箱的防跳功能与断路器本体的防跳功能有哪些不同？使用过程中有哪些注意事项？

答：_____

3. 整组传动断路器过程中，保护装置动作，但断路器没有动作。请列举可能造成断路器不动作的原因。（至少列举三种）

答：_____

4. 备用电源自投装置充电的基本条件是什么？

答：_____

5. 断路器、隔离开关经新安装检验及检修后，继电保护试验人员应及时了解哪些调整试验结果？

答：_____

九、规程、规范

1. 传输远方跳闸信号的保护通道在新安装或更换装置后应测试哪些项目？

答：_____

2. 在变压器低压侧未配置母差和失灵保护时，应采取什么措施提高切除变压器低压侧母线故障的可靠性？

答：_____

3. 简述 220 kV 双母线接线的线路保护装置检验时主要有哪些安全措施要点。

答：_____

4. 相关规程要求，对于可能导致多个断路器同时跳闸的直跳开入，应采取措施防止直跳开入的保护误动作。请列举 220 kV 及其以上电压等级的电缆直跳回路有哪些。

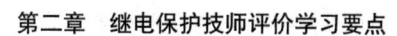

答：_____

5. 继电保护双重化配置的基本要求是什么？

答：_____

6. 试述在《线路保护及辅助装置标准化设计规范》中，双母线接线的线路保护、重合闸及操作箱配置原则有哪些。

答：_____

7.《国家电网有限公司十八项电网重大反事故措施（2018修订版）》要求保护电压切换箱隔离开关辅助触点应采用什么输入方式？请解释原因。

答：_____

8. 按照《国家电网有限公司十八项电网重大反事故措施（2018修订版）》，控制系统与继电保护的直流电源配置应满足什么要求？

答：_____

9. 标准化设计规范对电缆直跳回路的要求是什么？

答：_____

10. 继电保护现场标准化作业指导书或范本一般应包括哪几个方面的内容？（至少答出 6 点）

答：_____

11. 220 kV 主变保护装置更换的工作条件：220 kV/110 kV 双母线接线方式，35 kV 单母分段接线方式，220 kV 主变及各侧断路器停电，各母联/分段断路器不停电，进行 220 kV 主变保护屏整屏更换。请简述该项工作的关键风险点有哪些。

答：_____

12. 使用万用表在二次回路上进行作业时，误用电阻档测量电压有哪些风险？

答：_____

13. 电流回路短接的原则有哪些?

答：_____

_____

14. 220 kV 线路（母联）保护装置检验的工作条件：220 kV 线路（母联）停电。请简述该项工作的关键风险点有哪些。

答：_____

_____

15. 220 kV 母线保护装置消缺（智能站）的工作条件：相应一次设备不停电。以第一套 220 kV 母线保护装置故障消缺为例，请简述该项工作的关键风险点有哪些。

答：_____

_____

十、安规

1. 工作负责人（监护人）的安全责任有哪些?

答：_____

_____

2. 断路器（开关）遮断容量不满足电网要求时，应采取什么措施?

答：_____

_____

3. 紧急救护的基本原则是什么?

答：_____

_____

4. 在原工作票的停电及安全措施范围内增加工作任务时，应遵守哪些规定?

答：_____

_____

5. 工作班成员的安全责任有哪些?

答：_____

_____

6. 变更工作负责人有哪些规定?

答：_____

_____

7.工作票签发人的安全责任有哪些？

答：_____

_____

8.紧急救护时，现场工作人员应掌握哪些救护方法？

答：_____

_____

9.高温中暑的主要症状有哪些？如何进行高温中暑急救？

答：_____

_____

10.全部工作完毕，工作负责人还需履行哪些手续后，方表示工作终结？

答：_____

_____

第三节　面试答辩题

1.保护操作箱一般由哪些继电器组成？

答：_____

_____

2.《国家电网有限公司十八项电网重大反事故措施（2018修订版）》要求保护电压切换箱隔离开关辅助触点应采用什么输入方式？请解释原因。

答：_____

_____

3.智能站整组传动开关过程中，保护装置动作，但开关没有动作。请列举可能造成开关不动作的原因。

答：_____

_____

4.请论述GOOSE报文传输机制。

答：_____

_____

5.断路器、隔离开关经新安装检验及检修后，继电保护试验人员应及时了解哪些调整试验结果？

答：_____

6. 影响流过保护的零序电流大小的因素有哪些？

答：_____

7. 对于新安装的变压器差动保护，在其投入运行前应做哪些试验？

答：_____

8. 变压器纵差保护主要反应何种故障，瓦斯保护主要反应何种故障？

答：_____

9. 线路保护自动重合闸的启动方式有哪几种？

答：_____

10. 简述本体瓦斯继电器构成及动作原理。

答：_____

11. 简述在输电线路非全相运行时零序方向继电器的动作行为。

答：_____

12. 影响阻抗继电器正确测量的因素有哪些？

答：_____

13. 简述线路差动保护有可能产生差流的原因。

答：_____

14. 线路保护投单相重合闸时，闭锁情况有哪些？

答：_____

第四节　技能实操题

一、线路保护——220 kV 线路保护 PCS-931A-G 保护

（一）220 kV 线路保护 PCS-931A-G 保护实操（试题①）

1. 试验说明

（1）考试时间 60 分钟，前后各 15 分钟完成安全措施票编写以及试验报告填写工作。

（2）发现一个故障点后，需及时告知裁判现象后方可处理；不根据现象处理，而直接处理，不得分。

（3）每排除一个故障点或完成一项试验时，需及时告知裁判。

（4）所有试验必须用手动菜单或状态序列手动设置完成（不允许用短路计算菜单项）。

（5）允许选手放弃故障点。

2. 试验条件

保护装置为 220 kV 线路保护，线路处于停运状态，所有功能及出口压板均在退出位置。CT 变比为 1 600/1，PT 变比为 220 kV/100 V，重合闸为单重方式。

3. 试验项目及分值

试验项目及分值（试题①）如表 2-1 所示。

表 2-1　试验项目及分值（试题①）

序号	操作项目	要求	分值
1	二次安全措施票编写	按照工作任务编写二次安全措施票并正确执行	6 分
2	试验接线	按图纸正确接线	4 分
3	试验 1	模拟线路出口处发生 A 相瞬时性接地故障，试验时投入所有保护功能压板 要求：①纵联距离保护、接地距离Ⅰ段、重合闸均动作；②开关传动正确	40 分
4	试验 2	模拟线路 B 相接地故障，校验零序Ⅱ段 要求：①校验零序Ⅱ段电流定值、时间；②开关传动正确	40 分

续表

序号	操作项目	要求	分值
5	故障点排除及故障分析报告	每项试验设置两个故障，共计4个故障	40分
6		试验结束后的接线恢复	2分
7		试验报告填写	8分

（二）220 kV 线路保护 PCS-931A-G 保护实操评分表（试题①）

表 2-2 是 220 kV 线路保护 PCS-931A-G 保护实操评分表（试题①）。

表 2-2　220 kV 线路保护 PCS-931A-G 保护实操评分表（试题①）

姓名			序号		单位		
操作时间			时 分— 时 分		累计用时		分
竞赛题目			线路保护装置试验				
操作要求			两人一组，一人操作，一人监护，注意安全，文明操作				
设备			PCS-931A-G；测试仪、测试线、工具箱				
评分标准	序号	项目	要求	分值	评分细则	得分	备注
	1	二次安全措施票	按照工作任务编写二次安全措施票并正确执行	6分	二次安全措施票不完善以及执行安全措施的过程中未按二次行为规范执行，每处扣1分，扣完为止		
	2	试验接线	按 SCD、光纤回路图正确接线	4分	光纤连接正确、配置正确（4分）		
	3	校验项目1	模拟线路出口处A相瞬时接地故障，正确传动开关	40分	1. 纵联差动保护动作，接地距离Ⅰ段动作，重合闸动作正确（各10分，共30分） 2. 开关单跳单重正确（10分）		

· 124 ·

续 表

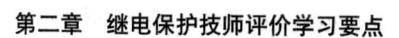

姓名			序号		单位		
4	校验项目2	模拟线路B相瞬时接地故障，校验零序Ⅱ段	40分	B相接地故障（10分）0.95倍不动作（10分）1.05倍动作（10分）正确传动开关（10分）			
5	故障排查	故障点	分值	现象及评分细则		得分	备注
	故障点1	定值"三相跳闸方式"控制字误投入	20分	现象：任何故障三跳			项目1
				发现现象（10分）向裁判提出并更正（10分）			
	故障点2	智能终端复归按钮接线虚接（1-4GD4处）	20分	现象：智能终端不能复归			
				发现现象（10分）向裁判提出并更正（10分）			
	故障点3	零序Ⅱ段时间定值与零序Ⅲ段时间定值一样	20分	现象：校验Ⅱ段时，Ⅲ段同步动作			项目2
				发现现象（10分）向裁判提出并更正（10分）			
	故障点4	B、C相跳闸线弄混[1-4CLP2-1（1-4Q1D19）与1-4CLP3-1（1-4Q1D22）接反]	20分	传动开关时C跳C重			
				发现现象（10分）向裁判提出并更正（10分）			
6	恢复现场	恢复接线及安措	2分	拆除试验接线，恢复安全措施（2分）			
7	报告编写	提交试验报告	8分	需记录试验数据以及故障现象、消缺情况。记录不详细或未完成，每处扣1分			
考评员签字：				年　月　日		总得分：	

（三）220kV 线路保护 PCS-931A-G 保护实操（试题②）

1. 试验说明

（1）考试时间 60 分钟，前后各 15 分钟完成安全措施票编写以及试验报告填写工作。

（2）发现一个故障点后，需及时告知裁判现象后方可处理；不根据现象处理，而直接处理，不得分。

（3）每排除一个故障点或完成一项试验时，需及时告知裁判。

（4）所有试验必须用手动菜单或状态序列手动设置完成（不允许用短路计算菜单项）。

（5）允许选手放弃故障点。

2. 试验条件

保护装置为 220 kV 线路保护，线路处于停运状态，所有功能及出口压板均在退出位置。CT 变比为 1 600/1，PT 变比为 220 kV/100 V，重合闸为单重方式。

3. 试验项目及分值

试验项目及分值（试题②）如表 2-3 所示。

表 2-3 试验项目及分值（试题②）

序号	操作项目	要求	分值
1	二次安全措施票编写	按照工作任务编写二次安全措施票并正确执行	6 分
2	试验接线	按图纸正确接线	4 分
3	试验 1	自环方式下，校验稳态差动保护 I 段定值，模拟 A 相故障	40 分
4	试验 2	模拟线路 B 相永久性故障。要求零序过流 II 段动作，重合于故障，距离后加速动作，零序加速不动作	40 分
5	故障点排除及故障分析报告	每项试验设置两个故障，共计 4 个故障	40 分
6		试验结束后的接线恢复	2 分
7		试验报告填写	8 分

（四）220 kV 线路保护 PCS-931A-G 保护实操评分表（试题②）

表 2-4 是 220 kV 线路保护 PCS-931A-G 保护实操评分表（试题②）。

表 2-4　220 kV 线路保护 PCS-931A-G 保护实操评分表（试题②）

姓名			序号		单位			
操作时间			时　分—时　分		累计用时		分	
竞赛题目			线路保护装置试验					
操作要求			两人一组，一人操作，一人监护，注意安全，文明操作					
设备			PCS-931A-G；测试仪、测试线、工具箱					
评分标准	序号	项目	要求	分值	评分细则		得分	备注
	1	二次安全措施票	按照工作任务编写二次安全措施票	6分	安全措施填写正确且完善（6分）			
	2	试验接线	按SCD、光纤回路图正确接线	4分	光纤连接正确，配置正确（4分）			
	3	校验项目1	自环方式下，校验稳态差动保护Ⅰ段定值，模拟A相故障	40分	A相故障（4分） 0.95倍不动作（8分） 1.05倍动作（8分） 稳态差动保护Ⅰ段正确动作，时间正确（16分） 重合闸动作（4分）			
	4	校验项目2	模拟线路B相永久性故障。要求零序过流Ⅱ段动作，重合于故障，距离后加速动作，零序加速不动作	40分	B相永久性故障（12分） 重合闸动作（4分） 距离后加速动作，零序加速不动作（12分） 开关正确传动（12分）			

续　表

姓名			序号		单位			
		故障排查	故障点	分值	现象及评分细则		得分	备注
5		故障点1	距离二段定值大于距离三段定值	20分	保护闭锁			项目1
					发现现象（10分）向裁判提出并更正（10分）			
		故障点2	虚接手合端子1-4Q1D34	20分	手动合闸不成功			
					发现现象（10分）向裁判提出并更正（10分）			
		故障点3	线路保护零序过流Ⅱ段时间与定值不符	20分	零序过流Ⅱ段动作时间不正确			项目2
					发现现象（10分）向裁判提出并更正（10分）			
		故障点4	出口压板1-4CLP1、1-4CLP2压板下口短接	20分	跳B同时跳A			
					发现现象（10分）向裁判提出并更正（10分）			
	6	恢复现场	恢复接线及安措	2分	拆除试验接线，恢复安全措施（2分）			
	7	报告编写	提交试验报告	8分	需记录试验数据以及故障现象、消缺情况。记录不详细或未完成，每处扣1分			
	考评员签字：				年　月　日		总得分：	

（五）220 kV 线路保护 PCS-931A-G 保护实操（试题③）

1.试验说明

（1）考试时间 60 分钟，前后各 15 分钟完成安全措施票编写以及试验报告填写工作。

（2）发现一个故障点后，需及时告知裁判现象后方可处理；不根据现象处理，而直接处理，不得分。

（3）每排除一个故障点或完成一项试验时，需及时告知裁判。

（4）所有试验必须用手动菜单或状态序列手动设置完成（不允许用短路计算菜单项）。

（5）允许选手放弃故障点。

2.试验条件

保护装置为 220 kV 线路保护，线路处于停运状态，所有功能及出口压板均在退出位置。CT 变比为 1 600/5，PT 变比为 220 kV/100 V，重合闸为单重方式。

3.试验项目及分值

试验项目及分值（试题③）如表 2-5 所示。

表 2-5 试验项目及分值（试题③）

序号	操作项目	要求	分值
1	二次安全措施票编写	按照工作任务编写二次安全措施票并正确执行	6 分
2	试验接线	按图纸正确接线	4 分
3	试验 1	模拟 A 相高阻接地瞬时故障，零序差动保护动作	40 分
4	试验 2	模拟 C 相接地永久性故障，距离 I 段动作，重合闸后加速动作	40 分
5	故障点排除及故障分析报告	每项试验设置两个故障，共计 4 个故障	40 分
6		试验结束后的接线恢复	2 分
7		试验报告填写	8 分

（六）220 kV 线路保护 PCS-931A-G 保护实操评分表（试题③）

表 2-6 是 220 kV 线路保护 PCS-931A-G 保护实操评分表（试题③）。

表 2-6　220 kV 线路保护 PCS-931A-G 保护实操评分表（试题③）

姓名			序号		单位	
操作时间		时 分— 时 分			累计用时	分
竞赛题目		线路保护装置试验				
操作要求		两人一组，一人操作，一人监护，注意安全，文明操作				
设备		PCS-931A-G；测试仪、测试线、工具箱				

	序号	项目	要求	分值	评分细则	得分	备注
评分标准	1	二次安全措施票	按照工作任务编写二次安全措施票	6分	安全措施填写正确且完善（6分）		
	2	试验接线	按SCD、光纤回路图正确接线	4分	光纤连接正确，配置正确（4分）		
	3	校验项目1	模拟A相高阻接地瞬时故障，零序差动保护动作	40分	模拟高阻接地故障（8分） A相故障（6分） 保护正确动作(10分) 开关正确传动（8分） 重合闸正确动作（8分）		
	4	校验项目2	模拟C相接地永久性故障，距离I段动作，重合闸后加速动作	40分	区内瞬时故障（8分） 距离I段动作（8分） 重合闸正确动作（8分） 开关传动动作（8分） 距离加速、零序加速动作（8分）		

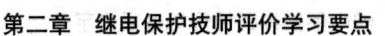

续 表

姓名			序号	单位		
		故障排查	故障点	分值	现象及评分细则	得分	备注
5		故障点1	整定值"电流二次额定值"误设为1A	20分	现象：采样值不正确		
					发现现象（10分）向裁判提出并更正（10分）		
		故障点2	1-4Q1D34与1-4Q1D35互换	20分	开关无法分合闸		
					发现现象（10分）向裁判提出并更正（10分）		
		故障点3	距离Ⅰ段控制字退出	20分	距离Ⅰ段无法动作		
					发现现象（10分）向裁判提出并更正（10分）		
		故障点4	跳C相开关接线虚接4Q1D21（1515）	20分	C相无法跳闸		
					发现现象（10分）向裁判提出并更正（10分）		
6		恢复现场	恢复接线及安措	2分	拆除试验接线，恢复安全措施（2分）		
7		报告编写	提交试验报告	8分	需记录试验数据以及故障现象、消缺情况。记录不详细或未完成，每处扣1分		

考评员签字：　　　　　　　　　　　　　年　月　日　　　　　　总得分：

（七）220 kV 线路保护 PCS-931A-G 保护实操（试题④）

1.试验说明

（1）考试时间 60 分钟，前后各 15 分钟完成安全措施票编写以及试验报告填写工作。

（2）发现一个故障点后，需及时告知裁判现象后方可处理；不根据现象处理，而直接处理，不得分。

（3）每排除一个故障点或完成一项试验时，需及时告知裁判。

（4）所有试验必须用手动菜单或状态序列手动设置完成（不允许用短路计算菜单项）。

（5）允许选手放弃故障点。

2.试验条件

保护装置为 220 kV 线路保护，线路处于停运状态，所有功能及出口压板均在退出位置。CT 变比为 1 600/5，PT 变比为 220 kV/100 V，重合闸为单重方式。

3.试验项目及分值

试验项目及分值（试题④）如表 2-7 所示。

表 2-7 试验项目及分值（试题④）

序号	操作项目	要求	分值
1	二次安全措施票编写	按照工作任务编写二次安全措施票并正确执行	6分
2	试验接线	按图纸正确接线	4分
3	试验1	自环方式下，校验稳态差动保护Ⅱ段定值。要求在 C 相加量完成试验	40分
4	试验2	模拟线路正常运行时，在距离Ⅰ段保护发生金属性 C 相瞬时故障，重合闸动作，校验保护动作。要求带开关传动	40分
5	故障点排除及故障分析报告	每项试验设置两个故障，共计 4 个故障	40分
6		试验结束后的接线恢复	2分
7		试验报告填写	8分

(八) 220 kV 线路保护 PCS-931A-G 保护实操评分表（试题④）

表 2-8 是 220 kV 线路保护 PCS-931A-G 保护实操评分表（试题④）。

表 2-8　220 kV 线路保护 PCS-931A-G 保护实操评分表（试题④）

姓名			序号		单位		
操作时间			时　分—　时　分		累计用时		分
竞赛题目			线路保护装置试验				
操作要求			两人一组，一人操作，一人监护，注意安全，文明操作				
设备			PCS-931A-G；测试仪、测试线、工具箱				
	序号	项目	要求	分值	评分细则	得分	备注
评分标准	1	二次安全措施票	按照工作任务编写二次安全措施票	6分	安全措施填写正确且完善（6分）		
	2	试验接线	按SCD、光纤回路图正确接线	4分	光纤连接正确，配置正确（4分）		
	3	校验项目1	自环方式下，校验稳态差动保护Ⅱ段定值。要求在C相加量完成试验	40分	1. C相故障（10分） 2. 0.95倍不动作（10分） 3. 1.05倍动作（10分） 4. 稳态差动保护Ⅱ段正确动作，时间正确（10分）		
	4	校验项目2	模拟线路正常运行时，在距离Ⅰ段保护发生金属性C相瞬时故障，重合闸动作，校验保护动作。要求带开关传动	40分	1. 距离Ⅰ段保护范围内故障（10分） 2. C相瞬时故障开关分闸（10分） 3. 重合闸正确动作（12分） 4. 开关正确传动（8分）		

续 表

姓名		序号		单位		得分	备注
		故障排查	故障点	分值	现象及评分细则		
5		故障点1	光纤自环通道2实际纵联码设置通道1自环	20分	现象：纵联保护闭锁		
					发现现象（10分）向裁判提出并更正（10分）		
		故障点2	端子排1RD2上1RLP1-1配线虚接	20分	现象：保护装置无法置检修		
					发现现象（10分）向裁判提出并更正（10分）		
		故障点3	端子排1-4Q1D:21的1-4n1515接线虚接	20分	现象：C相无法分闸		
					发现现象（10分）向裁判提出并更正（10分）		
		故障点4	保护重合闸GOOSE发送软压板未投	20分	现象：保护无法重合出口		
					发现现象（10分）向裁判提出并更正（10分）		
6		恢复现场	恢复接线及安措	2分	拆除试验接线，恢复安全措施（2分）		
7		报告编写	提交试验报告	8分	需记录试验数据以及故障现象、消缺情况。记录不详细或未完成，每处扣1分		

考评员签字： 　　　　　　　　　　年　月　日　　　总得分：

二、变压器保护——220 kV 主变保护 PCS-978 保护

(一) 220 kV 主变保护 PCS-978 保护实操（试题①）

1. 试验说明

（1）考试时间 60 分钟，前后各 15 分钟完成安全措施票编写以及试验报告填写工作。

（2）发现一个故障点后，需及时告知裁判现象后方可处理；不根据现象处理，而直接处理，不得分。

（3）每排除一个故障点或完成一项试验时，需及时告知裁判。

（4）所有试验必须用手动菜单或状态序列手动设置完成（不允许用短路计算菜单项）。

（5）允许选手放弃故障点。

2. 试验条件

保护装置为 220 kV 主变保护，变压器处于停运状态，所有功能及出口压板均在退出位置。

变压器容量为 180 MVA，高、中、低三侧 CT 变比分别为 1 200/5，1 600/5，4 000/5，变压器三侧额定电压为 230 kV，115 kV，38.5 kV。

3. 试验项目及分值

试验项目及分值（试题①）如表 2-9 所示。

表 2-9 试验项目及分值（试题①）

序号	操作项目	要求	分值
1	二次安全措施票编写	按照工作任务编写二次安全措施票并正确执行	6 分
2	试验接线	按图纸正确接线	4 分
3	试验 1	校验差动速断保护定值（高压侧 A 相接地故障，传动三侧开关）	40 分
4	试验 2	校验高压侧间隙过流、零序过压保护定值（使用常规试验仪）	40 分
5	故障点排除及故障分析报告	每项试验设置两个故障，共计 4 个故障	40 分
6		试验结束后的接线恢复	2 分
7		试验报告填写	8 分

（二）220 kV 主变保护 PCS-978 保护实操评分表（试题①）

表 2-10 是 220 kV 主变保护 PCS-978 保护实操评分表（试题①）。

表 2-10　220 kV 主变保护 PCS-978 保护实操评分表（试题①）

姓名		序号		单位			
操作时间		时 分— 时 分		累计用时		分	
竞赛题目		主变保护装置试验					
操作要求		两人一组，一人操作，一人监护，注意安全，文明操作					
设备		PCS-978；测试仪、测试线、工具箱					
评分标准	序号	项目	要求	分值	评分细则	得分	备注
	1	二次安全措施票	按照工作任务编写二次安全措施票并正确执行	6分	二次安全措施票不完善以及执行安全措施的过程中未按二次行为规范执行，每处扣1分，扣完为止		
	2	试验接线	按图纸正确接线	4分	电流接线正确（2分） 电压接线正确（2分）		
	3	校验项目1	校验差动速断保护定值（高压侧A相接地故障，传动三侧开关）	40分	1. 差动速断保护定值0.95倍不动作（15分） 2. 差动速断保护定值1.05倍动作（15分） 3. 开关传动正确（10分） 差动10 A不动作，11 A动作		
	4	校验项目2	校验高压侧间隙过流、零序过压保护定值（间隙使用常规试验仪）	40分	1. 间隙过流0.95倍不动作（8分） 2. 间隙过流1.05倍动作（8分） 3. 零序过压0.95倍不动作（8分） 4. 零序过压1.05倍动作（8分） 5. 开关传动正确（8分）		

续 表

姓名				序号		单位			
		故障排查	故障点	分值	现象及评分细则			得分	备注
5		故障点1	保护装置复归按钮虚接	20分	现象：保护跳闸灯不复归				项目1
					发现现象（10分）向裁判提出并更正（10分）				
		故障点2	1-4Q1D15 虚接	20分	现象：A相无法跳闸				
					发现现象（10分）向裁判提出并更正（10分）				
		故障点3	间隙CT二次值修改为1A	20分	现象：间隙电流采样值与实际值差5倍				项目2
					发现现象（10分）向裁判提出并更正（10分）				
		故障点4	间隙和零序电流回路接反	20分	现象：间隙电流采样值与零序电流采样值不正确				
					发现现象（10分）向裁判提出并更正（10分）				
6		恢复现场	恢复接线及安措	2分	拆除试验接线，恢复安全措施（2分）				
7		报告编写	提交试验报告	8分	需记录试验数据以及故障现象、消缺情况。记录不详细或未完成，每处扣1分				
考评员签字：						年 月 日		总得分：	

（三）220 kV 主变保护 PCS-978 保护实操（试题②）

1.试验说明

（1）考试时间60分钟，前后各15分钟完成安全措施票编写以及试验报告填写工作。

（2）发现一个故障点后，需及时告知裁判现象后方可处理；不根据现象处理，而直接处理，不得分。

（3）每排除一个故障点或完成一项试验时，需及时告知裁判。

（4）所有试验必须用手动菜单或状态序列手动设置完成（不允许用短路计算菜单项）。

（5）允许选手放弃故障点。

2.试验条件

保护装置为 220 kV 主变保护，变压器处于停运状态，所有功能及出口压板均在退出位置。

变压器容量为 180 MVA，高、中、低三侧 CT 变比分别为 1 200/5，1 600/5，4 000/5，变压器三侧额定电压为 230 kV，115 kV，38.5 kV。

3.试验项目及分值

试验项目及分值（试题②）如表 2-11 所示。

表 2-11 试验项目及分值（试题②）

序号	操作项目	要求	分值
1	二次安全措施票编写	按照工作任务编写二次安全措施票并正确执行	6 分
2	试验接线	按图纸正确接线	4 分
3	试验 1	校验差动启动定值（低压侧电流固定 A 相，采用常规测试仪。要求高压侧电流大于低压侧电流，制动电流固定为 1 倍 I_e）	40 分
4	试验 2	校验高压侧复压闭锁过流 I 段保护定值（要求 B 相接地故障）	40 分
5	故障点排除及故障分析报告	每项试验设置两个故障，共计 4 个故障	40 分
6		试验结束后的接线恢复	2 分
7		试验报告填写	8 分

（四）220 kV 主变保护 PCS-978 保护实操评分表（试题②）

表 2-12 是 220 kV 主变保护 PCS-978 保护实操评分表（试题②）。

表 2-12 220 kV 主变保护 PCS-978 保护实操评分表（试题②）

姓名		序号		单位		
操作时间	时　分— 时　分			累计用时	分	
竞赛题目	主变保护装置试验					
操作要求	两人一组，一人操作，一人监护。注意安全，文明操作					
设备	PCS-978；测试仪、测试线、工具箱					

	序号	项目	要求	分值	评分细则	得分	备注
评分标准	1	二次安全措施票	按照工作任务编写二次安全措施票并正确执行	6分	二次安全措施票不完善以及执行安全措施的过程中未按二次行为规范执行，每处扣1分，扣完为止		
	2	试验接线	按图纸正确接线	4分	电流接线正确（2分）		
					电压接线正确（2分）		
	3	校验项目1	校验差动启动定值（低压侧电流固定A相，采用常规测试仪。要求高压侧电流大于低压侧电流，制动电流固定为1倍I_e）	40分	1. 0.95倍不动作（15分） 2. 1.05倍动作（15分） 3. 开关传动正确（10分） $I_r=1I_e$，$I_d=0.7I_e$；高压侧1.91，低压侧3.792		
	4	校验项目2	校验高压侧复压闭锁过流I段保护定值（要求B相接地故障）	40分	1. 过流定值0.95倍不动作（8分） 2. 过流定值1.05倍动作（8分） 3. 负序电压定值0.95倍不动作（8分） 4. 负序电压定值1.05倍动作（8分） 5. 开关传动正确（8分）		

续 表

姓名		序号		单位			
		故障排查	故障点	分值	现象及评分细则	得分	备注
5		故障点1	主变低压侧参数中钟点数改为12	20分	现象：差流计算不正确		项目1
					发现现象（10分）向裁判提出并更正(10分)		
		故障点2	高压侧A相电流虚接	20分	现象：电流采样不正确		
					发现现象（10分）向裁判提出并更正(10分)		
		故障点3	高压侧复压闭锁过流I段保护定值跳闸矩阵中不设跳高压侧	20分	现象：跳闸出口不正确		项目2
					发现现象（10分）向裁判提出并更正(10分)		
		故障点4	1-4Q1D19 内部线头1-4CLP2-1 缠绕绝缘胶布	20分	现象：B相跳闸出口不正确		
					发现现象（10分）向裁判提出并更正(10分)		
6		恢复现场	恢复接线及安措	2分	拆除试验接线，恢复安全措施（2分）		
7		报告编写	提交试验报告	8分	需记录试验数据以及故障现象、消缺情况。记录不详细或未完成，每处扣1分		
考评员签字：					年 月 日	总得分：	

（五）220 kV 主变保护 PCS-978 保护实操（试题③）

1.试验说明

（1）考试时间60分钟，前后各15分钟完成安全措施票编写以及试验报告填写工作。

（2）发现一个故障点后，需及时告知裁判现象后方可处理；不根据现象处理，而直接处理，不得分。

（3）每排除一个故障点或完成一项试验时，需及时告知裁判。

（4）所有试验必须用手动菜单或状态序列手动设置完成（不允许用短路计算菜单项）。

（5）允许选手放弃故障点。

2.试验条件

保护装置为 220 kV 主变保护，变压器处于停运状态，所有功能及出口压板均在退出位置。

变压器容量为 180 MVA，高、中、低三侧 CT 变比分别为 1 200/5，1 600/5，4 000/5，变压器三侧额定电压为 230 kV，115 kV，38.5 kV。

3.试验项目及分值

试验项目及分值（试题③）如表 2-13 所示。

表 2-13 试验项目及分值（试题③）

序号	操作项目	要求	分值
1	二次安全措施票编写	按照工作任务编写二次安全措施票并正确执行	6 分
2	试验接线	按图纸正确接线	4 分
3	试验 1	校验高压侧接地零序保护 Ⅱ 段定值	40 分
4	试验 2	校验中压侧复压方向过流 Ⅰ 段保护方向边界，并传动开关（A 相接地故障）	40 分
5	故障点排除及故障分析报告	每项试验设置两个故障，共计 4 个故障	40 分
6		试验结束后的接线恢复	2 分
7		试验报告填写	8 分

（六）220 kV 主变保护 PCS-978 保护实操评分表（试题③）

表 2-14 是 220 kV 主变保护 PCS-978 保护实操评分表（试题③）。

表 2-14　220 kV 主变保护 PCS-978 保护实操评分表（试题③）

姓名		序号		单位		
操作时间		时　分— 时　分		累计用时		分
竞赛题目		主变保护装置试验				
操作要求		两人一组，一人操作，一人监护，注意安全，文明操作				
设备		PCS-978；测试仪、测试线、工具箱				
评分标准	序号	项目	要求	分值	评分细则	得分	备注
	1	二次安全措施票	按照工作任务编写二次安全措施票并正确执行	6分	二次安全措施票不完善以及执行安全措施的过程中未按二次行为规范执行，每处扣1分，扣完为止		
	2	试验接线	按图纸正确接线	4分	电流接线正确（2分）		
					电压接线正确（2分）		
	3	校验项目1	校验高压侧接地零序保护Ⅱ段定值	40分	1. 零序保护Ⅱ段定值0.95倍动作（15分） 2. 零序保护Ⅱ段定值1.05倍动作（15分） 3. 开关传动正确（10分）		
	4	校验项目2	校验中压侧复压闭锁过流Ⅰ段保护方向（A相接地故障）	40分	−45° 不动作，135° 动作。需将复压Ⅱ、Ⅲ段控制字退出		

续 表

姓名		序号			单位		
		故障排查	故障点	分值	现象及评分细则	得分	备注
5		故障点1	高压侧智能终端投入检修压板并短接	20分	现象：智能终端检修灯亮		项目1
					发现现象（10分）向裁判提出并更正（10分）		
		故障点2	高压侧零序CT变比改为1	20分	现象：采样值与实际值差5倍		
					发现现象（10分）向裁判提出并更正（10分）		
		故障点3	3-4Q1D9虚接	20分	现象：开关跳不开		项目2
					发现现象（10分）向裁判提出并更正（10分）		
		故障点4	中压侧复压过流Ⅰ段带方向控制字为0	20分	现象：边界做不出		
					发现现象（10分）向裁判提出并更正（10分）		
6		恢复现场	恢复接线及安措	2分	拆除试验接线，恢复安全措施（2分）		
7		报告编写	提交试验报告	8分	需记录试验数据以及故障现象、消缺情况。记录不详细或未完成，每处扣1分		
考评员签字：					年　月　日	总得分：	

（七）220 kV 主变保护 PCS-978 保护实操（试题④）

1. 试验说明

（1）考试时间60分钟，前后各15分钟完成安全措施票编写以及试验报告填写工作。

（2）发现一个故障点后，需及时告知裁判现象后方可处理；不根据现象处理，而直接处理，不得分。

（3）每排除一个故障点或完成一项试验时，需及时告知裁判。

（4）所有试验必须用手动菜单或状态序列手动设置完成（不允许用短路计算菜单项）。

（5）允许选手放弃故障点。

2.试验条件

保护装置为 220 kV 主变保护，变压器处于停运状态，所有功能及出口压板均在退出位置。

变压器容量为 180 MVA，高、中、低三侧 CT 变比分别为 1 200/5，1 600/5，4 000/5，变压器三侧额定电压为 230 kV，115 kV，38.5 kV。

3.试验项目及分值

试验项目及分值（试题④）如表 2-15 所示。

表 2-15 试验项目及分值（试题④）

序号	操作项目	要求	分值
1	二次安全措施票编写	按照工作任务编写二次安全措施票并正确执行	6分
2	试验接线	按图纸正确接线	4分
3	试验1	校验差动启动定值（低压侧电流固定 B 相，采用常规测试仪。要求高压侧电流大于低压侧电流，差动电流固定为 1 倍 I_e）	40分
4	试验2	校验零序过压保护定值，并试验验证间隙过流过压互保持功能	40分
5	故障点排除及故障分析报告	每项试验设置两个故障，共计 4 个故障	40分
6		试验结束后的接线恢复	2分
7		试验报告填写	8分

（八）220 kV 主变保护 PCS-978 保护实操评分表（试题④）

表 2-16 是 220 kV 主变保护 PCS-978 保护实操评分表（试题④）。

表2-16 220 kV主变保护PCS-978保护实操评分表（试题④）

姓名		序号		单位		
操作时间		时 分— 时 分		累计用时		分
竞赛题目		主变保护装置试验				
操作要求		两人一组，一人操作，一人监护，注意安全，文明操作				
设备		PCS-978；测试仪、测试线、工具箱				

	序号	项目	要求	分值	评分细则	得分	备注
评分标准	1	二次安全措施票	按照工作任务编写二次安全措施票并正确执行	6分	二次安全措施票不完善以及执行安全措施的过程中未按二次行为规范执行，每处扣1分，扣完为止		
	2	试验接线	按图纸正确接线	4分	电流接线正确（2分）		
					电压接线正确（2分）		
	3	校验项目1	校验差动启动定值（低压侧电流固定B相，采用常规测试仪。要求高压侧电流大于低压侧电流，差动电流固定为1倍I_e）	40分	1. 0.95倍不动作（15分） 2. 1.05倍动作（15分） 3. 开关传动正确（10分） I_r=1.6I_e, I_d=1I_e；高压侧2.96，低压侧6.42		
	4	校验项目2	校验零序过压保护定值，并试验验证间隙过流过压互保持功能	20分	1. 零序过压保护定值校验（20分） 2. 验证间隙过流过压互保持功能（20分）		

	序号	故障排查	故障点	分值	现象及评分细则	得分	备注
	5	故障点1	高压侧A、B相电流接反	20分	现象：电流采样不正确		项目1
					发现现象（10分） 向裁判提出并更正（10分）		
		故障点2	高压侧CT变比错误	20分	现象：差流计算不正确		
					发现现象（10分） 向裁判提出并更正（10分）		

续 表

姓名			序号		单位			
	故障排查		故障点	分值	现象及评分细则		得分	备注
		故障点3	4-4Q1D9虚接	20分	现象：低压侧开关跳不开			项目2
					发现现象（10分）向裁判提出并更正（10分）			
		故障点4	矩阵退出跳低压侧	20分	现象：低压侧开关跳不开			
					发现现象（10分）向裁判提出并更正（10分）			
6	恢复现场		恢复接线及安措	2分	拆除试验接线，恢复安全措施（2分）			
7	报告编写		提交试验报告	8分	需记录试验数据以及故障现象、消缺情况。记录不详细或未完成，每处扣1分			
考评员签字：					年 月 日		总得分：	

三、母线保护——220 kV母线保护PCS-915保护

（一）220 kV母线保护PCS-915保护实操（试题①）

1.试验说明

（1）考试时间60分钟，前后各15分钟完成安全措施票编写以及试验报告填写工作。

（2）发现一个故障点后，需及时告知裁判现象后方可处理；不根据现象处理，而直接处理，不得分。

（3）每排除一个故障点或完成一项试验时，需及时告知裁判。

（4）所有试验必须用手动菜单或状态序列手动设置完成（不允许用短路计算菜单项）。

（5）允许选手放弃故障点。

2.试验条件

保护装置为 220 kV 母线保护,所有功能及出口压板均在退出位置。××站为双母线接线,母联 CT 变比为 2 400/1。线路 1 运行在Ⅰ母,CT 变比为 1 200/1。线路 2 运行在Ⅱ母,CT 变比为 1 200/1。#1 主变运行在Ⅰ母,CT 变比为 600/1。#2 主变运行在Ⅱ母,CT 变比为 600/1,其他支路备用。

3.试验项目及分值

试验项目及分值(试题①)如表 2-17 所示。

表 2-17 试验项目及分值(试题①)

序号	操作项目	要求	分值
1	二次安全措施票编写	按照工作任务编写二次安全措施票并正确执行	6 分
2	试验接线	按图纸正确接线	4 分
3	试验 1	模拟 A 相故障,试验验证母联合位逻辑	20 分
4	试验 2	母联、线路 1、线路 2、#1 主变、#2 主变都在运行,#2 主变在母线区外发生故障,#2 主变电流 4 800 A,#1 主变电流 1 200 A。模拟此时流过母线的电流	20 分
5	故障点排除及故障分析报告	每项试验设置两个故障,共计 4 个故障	40 分
6		试验结束后的接线恢复	2 分
7		试验报告填写	8 分

4.二次工作安全措施票

二次工作安全措施票(试题①)如表 2-18 所示。

表 2-18 二次工作安全措施票（试题①）

设备名称					
工作负责人		工作时间		签发人	
工作内容：					
安全措施：包括应退出及恢复的软压板、应拔插的光纤等，执行安全措施时按照顺序逐项执行，恢复安全措施时按照执行措施相反顺序恢复					
安措类型	序号	安全措施内容		执行	恢复
	1				
	2				
	3				
	4				
	5				
	6				
	7				
	8				
	9				

5.试验报告整理

试验项目：_____。

故障整理（表 2-19）：

表 2-19 故障整理（试题①）

序号	故障现象	故障原因	处理情况
1			
2			
3			
4			

（二）220 kV 母线保护 PCS-915 保护实操评分表（试题①）

表 2-20 是 220 kV 母线保护 PCS-915 保护实操评分表（试题①）。

表 2-20 220 kV 母线保护 PCS-915 保护实操评分表（试题①）

姓名			序号		单位	
操作时间		时 分— 时 分		累计用时		分
竞赛题目		线路保护装置试验				
操作要求		两人一组，一人操作，一人监护，注意安全，文明操作				
设备		PCS-915；测试仪、测试线、工具箱				

	序号	项目	要求	分值	评分细则	得分	备注
评分标准	1	二次安全措施票	按照工作任务编写二次安全措施票并正确执行	6分	二次安全措施票不完善以及执行安全措施的过程中未按二次行为规范执行，每处扣1分，扣完为止		
	2	试验接线	按图纸正确接线	4分	电流接线正确（2分） 电压接线正确（2分）		
	3	校验项目1	模拟A相故障，试验验证母联合位逻辑	20分	模拟A相故障（4分） 母差保护正确动作（4分） 母联开关正确传动（4分） 线路开关正确传动（4分） 硬压板正确投入（4分）		
	4	校验项目2	母联、线路1、线路2、#1主变、#2主变都在运行，#2主变在母线区外发生故障，#2主变电流4 800 A，#1主变电流1 200 A。模拟此时流过母线的电流	20分	模拟#2主变故障电流（4分） 模拟#1主变运行电流（2分） 模拟线路1、线路2、母联电流正确（6分） 开关正确动作（4分） 硬压板正确投入（4分）		

续 表

姓名			序号		单位			
	故障排查	故障点		分值	现象及评分细则		得分	备注
5		故障点1	定值差动启动值远大于差动定值	20分	现象：加量大于定值后保护不动作			项目1
					发现现象（10分）向裁判提出并更正（10分）			
		故障点2	智能终端收保护装置光纤断	20分	GOOSE断链，无法跳闸			
					发现现象（10分）向裁判提出并更正（10分）			
		故障点3	1RLP1背面端子短接，母差保护功能退出	20分	母差保护功能压板无法投入			项目2
					发现现象（10分）向裁判提出并更正（10分）			
		故障点4	4GD3端子线头4QLP1用绝缘胶带包住	20分	检修状态不一致，保护无法动作			
					发现现象（10分）向裁判提出并更正（10分）			
6	恢复现场		恢复接线及安措	2分	拆除试验接线，恢复安全措施（2分）			
7	报告编写		提交试验报告	8分	需记录试验数据以及故障现象、消缺情况。记录不详细或未完成，每处扣1分			
			考评员签字：			年 月 日		总得分：

（三）220 kV母线保护PCS-915保护实操（试题②）

1. 试验说明

（1）考试时间60分钟，前后各15分钟完成安全措施票编写以及试验报告填写工作。

（2）发现一个故障点后，需及时告知裁判现象后方可处理；不根据现象处理，而直接处理，不得分。

（3）每排除一个故障点或完成一项试验时，需及时告知裁判。

（4）所有试验必须用手动菜单或状态序列手动设置完成（不允许用短路计算菜单项）。

（5）允许选手放弃故障点。

2.试验条件

保护装置为 220 kV 母线保护，所有功能及出口压板均在退出位置。××站为双母线接线，母联 CT 变比为 2 400/1。线路 1 运行在Ⅰ母，CT 变比为 1 200/1。线路 2 运行在Ⅱ母，CT 变比为 1 200/1。#1 主变运行在Ⅰ母，CT 变比为 600/1。#2 主变运行在Ⅱ母，CT 变比为 600/1，其他支路备用。

3.试验项目及分值

试验项目及分值（试题②）如表 2-21 所示。

表 2-21 试验项目及分值（试题②）

序号	操作项目	要求	分值
1	二次安全措施票编写	按照工作任务编写二次安全措施票并正确执行	6 分
2	试验接线	按图纸正确接线	4 分
3	试验 1	母联、线路 1、线路 2、#1 主变、#2 主变都在运行，#2 主变在母线区外发生故障，#2 主变电流 4 000 A，#1 主变电流 1 000 A。模拟此时流过母线的电流	20 分
4	试验 2	母线分列运行。模拟Ⅰ母区内 A 相故障，差动动作时，小差比率制动系数恰好满足高值。设计试验方案，测试两个不同的点	20 分
5	故障点排除及故障分析报告	每项试验设置两个故障，共计 4 个故障	40 分
6		试验结束后的接线恢复	2 分
7		试验报告填写	8 分

4.二次工作安全措施票

二次工作安全措施票（试题②）如表 2-22 所示。

表 2-22　二次工作安全措施票（试题②）

设备名称						
工作负责人		工作时间			签发人	
工作内容：						
安全措施：包括应退出及恢复的软压板、应拔插的光纤等，执行安全措施时按照顺序逐项执行，恢复安全措施时按照执行措施相反顺序恢复						
安措类型	序号	安全措施内容			执行	恢复
	1					
	2					
	3					
	4					
	5					
	6					
	7					
	8					
	9					

5.试验报告整理

试验项目：_____。

故障整理（表 2-23）：

表 2-23　故障整理（试题②）

序号	故障现象	故障原因	处理情况
1			
2			
3			
4			

（四）220 kV 母线保护 PCS-915 保护实操评分表（试题②）

表 2-24 是 220 kV 母线保护 PCS-915 保护实操评分表（试题②）。

表 2-24　220 kV 母线保护 PCS-915 保护实操评分表（试题②）

姓名				序号		单位		
操作时间				时　分—　时　分		累计用时		分
竞赛题目				线路保护装置试验				
操作要求				两人一组，一人操作，一人监护，注意安全，文明操作				
设备				PCS-915；测试仪、测试线、工具箱				
评分标准	序号	项目	要求	分值	评分细则		得分	备注
评分标准	1	二次安全措施票	按照工作任务编写二次安全措施票并正确执行	6分	二次安全措施票不完善以及执行安全措施的过程中未按二次行为规范执行，每处扣1分，扣完为止			
评分标准	2	试验接线	按图纸正确接线	4分	电流接线正确（2分）			
评分标准	2	试验接线	按图纸正确接线	4分	电压接线正确（2分）			
评分标准	3	校验项目1	母联、线路1、线路2、#1主变、#2主变都在运行，#2主变在母线区外发生故障，#2主变电流4 000 A，#1主变电流1 000 A。模拟此时流过母线的电流	20分	模拟#2主变故障电流（4分）模拟#1主变运行电流（2分）模拟线路1、线路2、母联电流正确（6分）开关正确动作（4分）硬压板正确投入（4分）			
评分标准	4	校验项目2	母线分列运行。模拟Ⅰ母区内A相故障，差动动作时，小差比率制动系数恰好满足高值。设计试验方案，测试两个不同的点	20分	压板投入正确（2分）通过计算选取两个故障电流（4分）线路1及#1主变加量正确（2分）保护正确动作（4分）开关正确动作（4分）通过两个点计算小差高值（4分）			

续 表

姓名			序号		单位			
	故障排查	故障点	分值	现象及评分细则		得分	备注
5	故障点1	装置定值区号与定值单不一致	20分	现象：保护动作定值与定值单不符			项目1
				发现现象（10分）			
				向裁判提出并更正（10分）			
	故障点2	智能终端收保护装置光纤断	20分	GOOSE断链，无法跳闸			
				发现现象（10分）			
				向裁判提出并更正（10分）			
	故障点3	保护装置背板14板松动	20分	现象：压板投退、复归按钮无法使用			项目2
				发现现象（10分）			
				向裁判提出并更正（10分）			
	故障点4	1RD3缠绕绝缘胶带	20分	跳闸后复归按钮无法复归			
				发现现象（10分）			
				向裁判提出并更正（10分）			
6	恢复现场	恢复接线及安措	2分	拆除试验接线，恢复安全措施（2分）			
7	报告编写	提交试验报告	8分	需记录试验数据以及故障现象、消缺情况。记录不详细或未完成，每处扣1分			
考评员签字：				年　月　日		总得分：	

（五）220 kV 母线保护 PCS-915 保护实操（试题③）

1. 试验说明

（1）考试时间60分钟，前后各15分钟完成安全措施票编写以及试验报告填写工作。

（2）发现一个故障点后，需及时告知裁判现象后方可处理；不根据现象处理，而直接处理，不得分。

（3）每排除一个故障点或完成一项试验时，需及时告知裁判。

（4）所有试验必须用手动菜单或状态序列手动设置完成（不允许用短路计算菜单项）。

（5）允许选手放弃故障点。

2.试验条件

保护装置为 220 kV 母线保护，所有功能及出口压板均在退出位置。××站为双母线接线，母联 CT 变比为 2 400/1。线路 1 运行在Ⅰ母，CT 变比为 1 200/1。线路 2 运行在Ⅱ母，CT 变比为 1 200/1。#1 主变运行在Ⅰ母，CT 变比为 600/1。#2 主变运行在Ⅱ母，CT 变比为 600/1，其他支路备用。

3.试验项目及分值

试验项目及分值（试题③）如表 2-25 所示。

表 2-25　试验项目及分值（试题③）

序号	操作项目	要求	分值
1	二次安全措施票编写	按照工作任务编写二次安全措施票并正确执行	6 分
2	试验接线	按图纸正确接线	4 分
3	试验 1	母联、线路 1、线路 2、#1 主变、#2 主变都在运行，线路 2 在母线区外发生 A 相接地故障，电流 3 600 A。模拟此时流过母线的电流	20 分
4	试验 2	母联开关合位。模拟母线正常运行时，#1 主变高压侧母线保护区外 A 相故障，#1 主变高压侧开关无法跳开。模拟此时母线保护动作逻辑	20 分
5	故障点排除及故障分析报告	每项试验设置两个故障，共计 4 个故障	40 分
6		试验结束后的接线恢复	2 分
7		试验报告填写	8 分

4.二次工作安全措施票

二次工作安全措施票（试题③）如表 2-26 所示。

表 2-26 二次工作安全措施票（试题③）

设备名称					
工作负责人		工作时间		签发人	
工作内容：					
安全措施：包括应退出及恢复的软压板、应拔插的光纤等，执行安全措施时按照顺序逐项执行，恢复安全措施时按照执行措施相反顺序恢复					
安措类型	序号	安全措施内容		执行	恢复
	1				
	2				
	3				
	4				
	5				
	6				
	7				
	8				
	9				

5.试验报告整理

试验项目：_____。

故障整理（表 2-27）：

表 2-27 故障整理（试题③）

序号	故障现象	故障原因	处理情况
1			
2			
3			
4			

（六）220 kV 母线保护 PCS-915 保护实操评分表（试题③）

表 2-28 是 220 kV 母线保护 PCS-915 保护实操评分表（试题③）。

表 2-28　220 kV 母线保护 PCS-915 保护实操评分表（试题③）

姓名		序号		单位		
操作时间	时 分— 时 分			累计用时		分
竞赛题目	线路保护装置试验					
操作要求	两人一组，一人操作，一人监护，注意安全，文明操作					
设备	PCS-915；测试仪、测试线、工具箱					

	序号	项目	要求	分值	评分细则	得分	备注
评分标准	1	二次安全措施票	按照工作任务编写二次安全措施票并正确执行	6分	二次安全措施票不完善以及执行安全措施的过程中未按二次行为规范执行，每处扣1分，扣完为止		
	2	试验接线	按图纸正确接线	4分	电流接线正确（2分）		
					电压接线正确（2分）		
	3	校验项目1	母联、线路1、线路2、#1主变、#2主变都在运行，线路2在母线区外发生A相接地故障，电流3 600 A。模拟此时流过母线的电流	20分	模拟线路2故障电流（4分） 模拟线路1、#1主变、#2主变、母联电流正确（4分） 保护动作正确（4分） 开关正确动作（4分） 硬压板正确投入（4分）		
	4	校验项目2	母联开关合位。模拟母线正常运行时，#1主变高压侧母线保护区外A相故障，#1主变高压侧开关无法跳开。模拟此时母线保护动作逻辑	20分	压板投入正确（4分） 模拟#1主变故障电流正确（4分） 模拟其他电流回路加量正确（4分） 保护正确动作（4分） 开关正确动作（4分）		

续 表

姓名		序号		单位			
5	故障排查	故障点	分值	现象及评分细则		得分	备注
	故障点1	定值线2 GOOSE出口压板未投入	20分	现象：线路2无法跳闸			项目1
				发现现象（10分） 向裁判提出并更正（10分）			
	故障点2	智能终端收保护装置光纤拔出	20分	现象：GOOSE断链，母差保护动作，但智能终端无反应			
				发现现象（10分） 向裁判提出并更正（10分）			
	故障点3	1RD1缠绕绝缘胶带	20分	现象：压板投退、复归按钮无法使用			项目2
				发现现象（10分） 向裁判提出并更正（10分）			
	故障点4	1RLP1背面端子短接，母差保护功能推出	20分	现象：T母差保护功能压板无法投入			
				发现现象（10分） 向裁判提出并更正（10分）			
6	恢复现场	恢复接线及安措	2分	拆除试验接线,恢复安全措施(2分)			
7	报告编写	提交试验报告	8分	需记录试验数据以及故障现象、消缺情况。记录不详细或未完成，每处扣1分			
考评员签字：				年 月 日		总得分：	

（七）220 kV母线保护PCS-915保护实操（试题④）

1.试验说明

（1）考试时间60分钟，前后各15分钟完成安全措施票编写以及试验报告填写工作。

（2）发现一个故障点后，需及时告知裁判现象后方可处理；不根据现象处理，而直接处理，不得分。

(3)每排除一个故障点或完成一项试验时,需及时告知裁判。

(4)所有试验必须用手动菜单或状态序列手动设置完成(不允许用短路计算菜单项)。

(5)允许选手放弃故障点。

2.试验条件

保护装置为220 kV母线保护,所有功能及出口压板均在退出位置。××站为双母线接线,母联CT变比为2 400/1。线路1运行在Ⅰ母,CT变比为1 200/1。线路2运行在Ⅱ母,CT变比为1 200/1。#1主变运行在Ⅰ母,CT变比为600/1。#2主变运行在Ⅱ母,CT变比为600/1,其他支路备用。

3.试验项目及分值

试验项目及分值(试题④)如表2-29所示。

表2-29 试验项目及分值(试题④)

序号	操作项目	要求	分值
1	二次安全措施票编写	按照工作任务编写二次安全措施票并正确执行	6分
2	试验接线	按图纸正确接线	4分
3	试验1	模拟C相故障,试验验证母联分位死区逻辑	20分
4	试验2	模拟Ⅰ母A相区内发生故障(故障电流3 600 A),保护动作跳Ⅰ母。要求:差动动作时,大差比率制动系数恰好满足高值,试验两个点,保护跳闸时传动跳开母联开关	20分
5	故障点排除及故障分析报告	每项试验设置两个故障,共计4个故障	40分
6		试验结束后的接线恢复	2分
7		试验报告填写	8分

4.二次工作安全措施票

二次工作安全措施票(试题④)如表2-30所示。

表 2-30 二次工作安全措施票（试题④）

设备名称					
工作负责人		工作时间		签发人	
工作内容：					
安全措施：包括应退出及恢复的软压板、应拔插的光纤等，执行安全措施时按照顺序逐项执行，恢复安全措施时按照执行措施相反顺序恢复					
安措类型	序号	安全措施内容		执行	恢复
	1				
	2				
	3				
	4				
	5				
	6				
	7				
	8				
	9				

5.试验报告整理

试验项目：_____。

故障整理（表 2-31）：

表 2-31 故障整理（试题④）

序号	故障现象	故障原因	处理情况
1			
2			
3			
4			

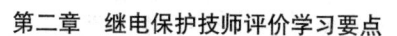

（八）220 kV 母线保护 PCS-915 保护实操评分表（试题④）

表 2-32 是 220 kV 母线保护 PCS-915 保护实操评分表（试题④）。

表 2-32　220 kV 母线保护 PCS-915 保护实操评分表（试题④）

姓名			序号		单位			
操作时间			时　分—时　分		累计用时		分	
竞赛题目			线路保护装置试验					
操作要求			两人一组，一人操作，一人监护，注意安全，文明操作					
设备			PCS-915；测试仪、测试线、工具箱					
评分标准	序号	项目	要求	分值	评分细则		得分	备注
	1	二次安全措施票	按照工作任务编写二次安全措施票并正确执行	6分	二次安全措施票不完善以及执行安全措施的过程中未按二次行为规范执行，每处扣1分，扣完为止			
	2	试验接线	按图纸正确接线	4分	电流接线正确（2分）			
					电压接线正确（2分）			
	3	校验项目1	模拟C相故障，试验验证母联分位死区逻辑	20分	模拟故障电流加量正确（5分）			
					保护动作正确（5分）			
					开关正确动作（5分）			
					硬压板正确投入（5分）			
	4	校验项目2	模拟Ⅰ母A相区内发生故障（故障电流3 600 A），保护动作跳Ⅰ母。要求：差动动作时，大差比率制动系数恰好满足高值，试验两个点，保护跳闸时传动跳开母联开关	20分	压板投入正确（2分）			
					开关位置模拟正确（2分）			
					模拟电流回路加量正确（4分）			
					保护正确动作（4分）			
					开关正确动作（4分）			
					比率系数计算正确（4分）			

续 表

姓名			序号		单位		
		故障排查	故障点	分值	现象及评分细则	得分	备注
5		故障点1	厂家调试中SV接收模式修改为0	20分	现象：保护试验仪加量加不上		项目1
					发现现象（10分）向裁判提出并更正（10分）		
		故障点2	智能终端收保护装置光纤拔出	20分	现象：GOOSE断链，母差保护动作，但智能终端无反应		
					发现现象（10分）向裁判提出并更正（10分）		
		故障点3	1RD3缠绕绝缘胶带	20分	现象：跳闸后复归按钮无法复归		项目2
					发现现象（10分）向裁判提出并更正（10分）		
		故障点4	1RLP1背面端子短接，母差保护功能退出	20分	现象：母差保护功能压板无法投入		
					发现现象（10分）向裁判提出并更正（10分）		
6		恢复现场	恢复接线及安措	2分	拆除试验接线，恢复安全措施（2分）		
7		报告编写	提交试验报告	8分	需记录试验数据以及故障现象、消缺情况。记录不详细或未完成，每处扣1分		
考评员签字：					年　月　日		总得分：

参考答案

第一节 客观题

一、基础理论

（一）单选题

1-5 B B B C A；6-10 B B A D B；11-15 B A D C C。

（二）多选题

1-5 AC ABCD AB AB ABCD；6-10 CD ABCD ABCD ABD ABD。

（三）判断题

1-5 × × √ × ×；6-10 × √ × × √；11-15 × √ √ ×。

二、线路保护

（一）单选题

1-5 D C D B C；6-10 C B B C A；11-15 A B B C B。

（二）多选题

1-5 ABCD AB CD ABC AB；6-10 BC AB BD BD ABCD；11-15 ABCD A B AB ABCD ABCD。

（三）判断题

1-5 √ √ × × ×；6-10 × × √ × ×；11-15 √ √ √ √ ×。

三、变压器保护

（一）单选题

1-5 D C B C B；6-10 B B C C D；11-15 D B A A A。

（二）多选题

1-5 BC AC CDE ABCE BDE；6-10 BCD ABC ABD AC ABCD；

11-15 ACD ABCD ABC ABCD ABC。

（三）判断题

1-5 ×√√××；6-10 √√√√√；11-15 √√×√√。

四、母线及辅助保护

（一）单选题

1-5 A A B B A；6-10 C B A C B；11-15 A B C A C。

（二）多选题

1-5 ABC ABC ABD ABCD ABCD；6-10 ABCD ABCD BC BCD ABCD；

11-15 BD AB ACD BC ABCD。

（三）判断题

1-5 ×√√√×；6-10 ××√×√；11-15 ×√×√×

五、二次回路

（一）单选题

1-5 B A A B A；6-10 C A C C B；11-15 A C B C B。

（二）多选题

1-5 ABCD ABCD ACD ABCD ABD；6-10 ABCDE ABCD BCD BD BCDE；

11-15 ABCD ABCD BCD ABCD ABCD。

（三）判断题

1-5 √××××；6-10 √√×√×；11-15 √√√××。

六、智能站

（一）单选题

1-5 A A B D C；6-10 A D C B B；11-15 D A C B A。

（二）多选题

1-5 ABC ABCD ABCD ABCD BCD；6-10 ACD AD BD ABCD ABD；

11-15 AC BD ABC AC ABCD。

（三）判断题

1-5 √√√√√；6-10 √××√√；11-15 √√√√×。

七、整定计算

（一）单选题

1-5 C B B A B；6-10 C A A D C；11-15 C B C A C。

（二）多选题

1-5 ABCDE ABCD ABC AB ABCD；6-10 ACD ABCD AC ABCD ABCD。

（三）判断题

1-5 × √ × √ ×；6-10 × √ √ × ×。

八、规程、规范

（一）单选题

1-5 B C B D C；6-10 A C A C C；11-15 A B C D C。

（二）多选题

1-5 ABCD BCD ABCD ACD ABCDE；

6-10 ABCD ABD ABCDEF ABCD AC。

（三）判断题

1-5 √ × √ × ×。

九、新技术

（一）单选题

1-5 D A B D C；6-10 C B C A B；11-15 B A B A D。

（二）多选题

1-5 ABCD ABCD ABCD ABD BC；6-10 ABC ABC ABCD AC ABC。

（三）判断题

1-6 √ × × × √ √。

第二节 主观题

一、基础理论

1.答：

正常时，因为没有零序电流，所以对保护装置没有影响；当发生相间故障时，零序电流也为零，保护装置能够正确动作；当发生接地故障时，特别是单相接地故障，由于中性线不通，相当于 TA 开路，保护装置不能动作，造成拒动。

2. 答：

因为反应输电线路一侧电气量变化的保护难以区分本线路末端短路和相邻线路出口短路两种状态。本线路末端（k_1）短路和相邻线路始端（k_2）短路时，因为 k_1、k_2 两点间电气距离很近，阻抗很小，M 侧感受的电压、电流几乎是一样的，加上需考虑保护定值计算用的线路参数误差及电压互感器、电流互感器的测量误差，为了保证 k_2 点短路 M 侧保护不超越，则 k_1 点短路，它也不能瞬时动作，所以它不能切除本线路全长范围内的故障。

3. 答：

（1）其他两相电压幅值升高倍，超前相电压再向超前相移 30°，落后相电压再向落后相移 30°。

（2）故障线路的零序电流滞后零序电压 90°，非故障线路的零序电流超前零序电压 90°。

（3）非故障线路流过的零序电流为本线路的对地电容电流，故障线路流过的零序电流为所有非故障线路对地电容电流之和。

4. 答：

U_K% 的含义是变压器短路电流等于额定电流时产生的相电压降与额定相电压之比的百分值。U_K% 除以 100 后乘以基准容量与变压器额定容量的比值，便可得到该变压器短路电抗标幺值。

5. 答：

（1）并联运行的电力变压器三相参数不同。

（2）电力系统中有接地故障。

（3）单相重合闸过程中的两相运行。

（4）三相重合闸和手动合闸时三相不同期。

（5）空载投入变压器时三相的励磁涌流不相等。

6. 答：

（1）振荡时，系统各点电压值和电流值均做往复性摆动；而短路时，电流值、电压值是突变的。此外，振荡时，电流值、电压值的变化速度较慢；而短路时，电流值、电压值突然变化量很大。

振荡时，系统任何一点电流与电压之间的相位角都随功角 δ 的变化而改变；而短路时，电流与电压之间的相位角是基本不变的。

（2）当两侧电动势的夹角为 180° 时，电流最大；当两侧电动势的夹角为 0°

时，电流最小。

7. 答：

（1）发生三相短路时，故障点的正序、负序、零序电压均为零。

（2）三相短路时，母线上正序电压下降得最多，两相接地短路次之，两相短路又次之，单相短路时正序电压下降最少。

（3）发生不对称短路故障时，正序电压越靠近故障点数值越小，负序电压和零序电压越靠近故障点数值越大。

8. 答：

（1）零序电流的大小与接地故障的类型有关。

（2）零序电流的大小不但与零序阻抗有关，而且与正、负序阻抗有关。既要考虑零序阻抗，也要考虑机组开得多少。

（3）零序电流的大小与保护背后系统和对端系统中性点接地的变压器多少密切相关。

（4）零序电流的大小与短路点的远近有关。

（5）零序电流的大小与双回线或环网的分流作用及互感影响有关。

9. 答：

两者的含义是不同的。"线路零序灵敏角"反映的是本线路零序阻抗的角度，影响接地距离继电器的工作电压形成。零序功率方向灵敏角反映的是线路背后等效零序网络阻抗角，决定了零序功率方向的动作角度区域。

10. 答：

（1）在输电线路的对端断路器发生一相断线或两相断线时，如果采用母线PT，零序方向继电器的动作行为与正方向短路时的动作行为完全相同；如果采用线路PT，零序方向继电器的动作行为与反方向短路时的动作行为完全相同。

（2）在输电线路两端断路器都单相跳闸的两端非全相运行的情况下，如果采用母线PT，零序方向继电器的动作行为与正方向短路时的动作行为完全相同；如果采用线路PT，零序方向继电器的动作行为与系统参数有关，零序正方向的方向继电器可能动作，也可能不动作。

二、线路保护

1. 答：

含义如下：①通道无故障时，通道收信可以正常工作，通道收信后启动远方跳闸。②通道发生故障时，瞬时闭锁通道收信。通道故障消失后延时 200 ms 开放该通道收信。③通道收信超过 4 s，则闭锁通道收信，禁止远方跳闸。④通道收信消失后延时 200 ms 开放该通道收信功能。

2. 答：

一般而论，保护的动作速度越快，误动的可能性越大。因此，对于要求快速动作的保护都添加了一些闭锁条件作为辅助判据，以兼顾其选择性和速动性。但是，在某些极特殊的情况下，闭锁条件可能会导致保护装置的拒动。此次事故表明，线路设置不经任何闭锁的、长延时的后备保护是必要的。

3. 答：

（1）保护感知沟通三跳开入。

（2）重合闸充电未满或重合闸停用，单相故障发三跳令。

（3）保护选相失败。

（4）保护装置本身问题造成误动跳三相。

（5）电流互感器或电压互感器二次回路存在两个以上的接地点，造成保护误跳三相。

（6）定值中跳闸方式整定为三相跳闸。

（7）分相跳闸保护未投入，由后备保护三相跳闸。

4. 答：

DL1 与 DL4 侧差动保护差动电流近似等于 Ⅱ 线短路电流的 2 倍，将首先动作，DL2 与 DL3 侧保护差动电流接近零，不会动作，在断路器 DL1 或 DL4 跳开后，保护开始出现差流，且保护已经启动，满足动作条件出口跳闸。

5. 答：

（1）光纤纵联通道双向来回路由不一致。

（2）光纤差动保护两侧采样不同步。

（3）CT 极性接反。

（4）CT 变比整定错误。

（5）装置交流插件型号配置错误（1 A、5 A）。

（6）智能站保护装置电流正反极性虚端子配置错误。

6. 答：

（1）"长期有差流"的可能原因通常有以下几种：①保护通道收发路径不同；②定值整定出错；③二次回路存在寄生回路或有分流；④差动保护不具备地址码功能，线路两侧接错线；⑤差动保护至少一侧未启动。

（2）相邻线路故障，若保护启动并达到定值，将误动出口。

7. 答：

（1）线路光纤差动保护增加"对侧差动允许信号"出口跳闸的目的：一是防止光纤通道的收发传输时间不一致而出现差流时闭锁差动保护，二是防止单侧CT断线而出现差流时闭锁差动保护。

（2）三相开关在跳开位置或经保护启动控制的差动继电器动作，则向对侧发差动动作允许信号。

8. 答：

两侧CT断线闭锁差动投入时，本侧保护重合闸放电，保护动作时三相跳闸，闭锁工频变化量距离和距离Ⅰ段，不闭锁距离Ⅱ和Ⅲ段，闭锁零序Ⅱ和Ⅲ段及零序反时限保护，闭锁分相差和零差保护，闭锁远方跳闸就地判据中的零负序电流元件，若有三相不一致保护，闭锁三相不一致保护零负序电流元件。对侧保护装置发对侧CT断线告警，差流较大时，发长期有差流告警，闭锁分相差和零差保护，其他保护不受影响。

9. 答：

（1）输电线路电容电流的影响，特别是高压电压等级、长输电线路的电容电流对纵联电流差动保护影响较大。

（2）外部短路或外部短路切除时，由于两端电流互感器的变比误差不一致、短路暂态过程中两端电流互感器的暂态特性不一致、二次回路的时间常数不一致产生的不平衡电流。

（3）重负荷线路区内经高电阻接地时灵敏度不足的问题。

（4）防止正常运行时电流互感器断线造成的纵联电流差动保护误动。

（5）由于输电线路两端保护采样时间不一致产生的不平衡电流。

10. 答：

在发生短路以后，弱电侧由于三相电流为零，又无电流的突变，故启动元件不启动。于是无法向对侧发"差动动作"的允许信号，因此造成电源侧的纵差保护因收不到允许信号而无法跳闸。为解决此问题，在纵联电流差动保护中除了有两相电流差突变量启动元件、零序电流启动元件和不对应启动元件以外，再增加一个低压差流启动元件。该启动元件的启动条件：①差流元件动作；②差流元件的动作相或动作相间的电压小于60%的额定电压；③收到对侧的"差动动作"的允许信号。同时满足上述三个条件，该启动元件启动。

三、变压器保护

1. 答：

瓦斯保护能反应变压器油箱内的任何故障，如铁芯过热烧伤、油面降低等，但差动保护对此无反应。另外，变压器绕组发生少数线匝的匝间短路，虽然短路匝内短路电流很大，会造成局部绕组严重过热，产生强烈的油流向油枕方向冲击，但表现在相电流上并不大，因此差动保护反应不灵敏，但瓦斯保护对此能灵敏地加以反应，这也是差动保护不能代替瓦斯保护的原因。

2. 答：

变压器接线组别为YNd1，高压侧移相，公式为

$$I'_A = \frac{I_A - I_C}{\sqrt{3}}$$

$$I'_B = \frac{I_B - I_A}{\sqrt{3}}$$

$$I'_C = \frac{I_C - I_B}{\sqrt{3}}$$

由于变压器B、C两相差动元件动作，且变压器高压侧套管TA三相电流波形同相位，判定该故障为B相接地故障，故障点位于高压侧差动TA与高压侧B相绝缘套管之间。

由于套管TA三相电流波形相同，说明流过变压器高压侧的电流为零序电流，故可判断变压器低压侧无电源，变压器处于空载或带轻载运行状态。

另外，如果故障点在变压器内部，则流过高压套管TA的电流不可能只有零序电流，说明故障点不在变压器内部。

3. 答：

A相差动元件中的差流 I_{Ad} =20|1-K_x/1.732|=20|1-1.2/1.732|=6.1 A。B相差动元件中的差流 I_{Bd}=20K_x/1.732=13.9 A。C相差动元件中的差流 I_{Cd}=0。

4. 答：

（1）不应该共用一组。

（2）这两种保护TA独立设置后则不需要人为进行投、退操作，自动实现中性点接地时投入零序过电流（退出间隙过流）、中性点不接地时投入间隙过电流（退出零序过电流），安全可靠。反之，两者共用一组TA有如下弊端：当中性点接地运行时，一旦忘记退出间隙过电流保护，又遇有系统内接地故障，往往造成间隙过流误动作将本变压器切除；间隙过电流元件定值很小，但每次接地故障都受到大电流冲击，易造成损坏。

5. 答：

启动同一个时间继电器，因为当出现单相故障时，变压器中心点偏移，当电压达到定值，间隙电压保护启动，经过一段时间后，可能放电间隙击穿，间隙电流保护动作，而间隙电压返回。如果间隙电流与间隙电压采用不同的时间继电器，则间隙保护将重新开始记时，此时间将可能大于一次设备所能承受接地的时间，使一次设备损坏。

6. 答：

（1）电网单相接地故障发生且接地中性点失去后，相当于中性点不接地电网单相接地运行。零序电压幅值达到 $3U_0=3 \times 100$ V$=300$ V，考虑电压互感器的饱和，实际 $3U_0$ 的值只能达到 220～230 V。零序电压整定为 180 V 时，有 1.2 倍灵敏度。

（2）中性点直接接地电网接地点未失去时，母线发生单相接地短路后，零序阻抗比正序阻抗小于 3。当零序阻抗比正序阻抗等于 3 时，故障点的 $3U_0=100$ V$\times 3 \times 3/5=180$ V，其他点 $3U_0$ 均小于 180 V，可以防止区外故障保护误动。

（3）馈线站的中性点不接地变压器在两相运行时，母线三倍零序电压的三次值最高达到 150 V，定值取 180 V，有 1.2 倍裕度，不误动。

7. 答：

除装设差动保护和瓦斯保护能反应接地故障外，中性点直接接地变压器一般设有零序电流保护，主要作为母线接地故障的后备保护，并尽可能起到变压器的线路接地故障的后备保护作用。中性点不接地变压器一般设有零序电压保护和与中性点放电间隙配合使用的放电间隙零序电流保护，作为接地故障发生时变压器一次过电压的后备保护。

8. 答：

单侧电源双绕组降压变压器相间短路后备保护宜装于各侧。非电源侧保护带两段或三段时限，用第一时限断开本侧母联或分段断路器，缩小故障影响范围，用第二时限断开本侧断路器，用第三时限断开变压器各侧断路器。电源侧保护带一段时限，断开变压器各侧断路器。

9. 答：

零序电流电压保护主要适用于 110 kV 及其以上中性点直接接地电网内低压侧有电源、高压侧可能接地或不接地运行的变压器，用以反应外部接地短路引起的过电流和中性点不接地运行时外部接地短路引起的过电压。

10. 答：

不合理，这样设计存在两个问题。

（1）当该变压器高压侧断路器 TA 与高压侧套管 TA 之间发生三相短路或两相短路（非接地故障）时，主变差动保护动作跳三侧断路器。如果高压侧断路器失灵，当中低压侧跳开后，套管 TA 中无故障电流，无法启动 220 kV 侧断路器失灵保护，此时只能靠对侧有电源的 220 kV 线路的后备保护动作切除故障，导致事故扩大，甚至造成全站失电。

（2）若该变压器高压侧断路器 TA 与高压侧套管 TA 之间发生故障，主变差动保护动作跳三侧断路器。如果中（低）压侧断路器拒动，同时考虑中（低）压侧有电源的情况下，高压侧套管 TA 会有持续的故障电流，主变差动保护不返回，失灵判别条件满足，会导致失灵保护误动作，扩大停电范围。

四、母线及辅助保护

1. 答：

（1）交流电流电压输入回路（各元件电流独立输入。注意极性，特别是母联 TA 的极性）。

（2）电流输入、刀闸开入和跳闸回路相对应（一致）检查。

（3）母线电压对应关系检查和母线电压切换回路检查。

（4）刀闸对应关系开入检查，自 I、II 母线刀闸辅助接点处进行检查。

（5）与 220 kV 操作箱的配合，跳闸回路的对应关系，母线保护一对应断路器跳闸线圈一，母线保护二对应断路器跳闸线圈二。

（6）母线故障跳闸对应关系检查。I 母故障跳 I 母，II 母故障跳 II 母。

（7）死区保护功能检查，失灵保护开入回路检查。

（8）变压器失灵解除失灵保护复压闭锁回路检查。

（9）对于暂时不用的回路也必须按照运行设备进行试验，因为在今后的扩建工程中，不可能每次都对母差保护进行全面检查。

（10）母差保护投入运行时必须经过相量检查、差流检查。在进行相量检查时，应带有足够大的负荷，以确保差流测量的准确性。

2. 答：

（1）退出该间隔 TA 异常判别。

（2）该间隔电流退出差流计算。

（3）退出该间隔失灵保护。

（4）退出跟该间隔有关的 SV、GOOSE 通道异常和检修不一致判别。

（5）退出跟该间隔有关的 SV 品质异常判别。

（6）退出跟该间隔有关的 GOOSE 开入异常判别。

3. 答：

（1）线路支路采用相电流、零序电流（或负序电流）"与门"逻辑，变压器支路采用相电流、零序电流、负序电流"或门"逻辑。

（2）线路支路断路器采用分相跳闸。考虑单相断路器失灵，用零序电流（或负序电流）保证对高阻接地故障的灵敏度，用相电流区别非全相和高阻接地的零负序电流，所以线路支路采用相电流、零序电流（或负序电流）"与门"逻辑，既提高灵敏度，又防止非全相运行期间失灵电流判别元件误动作。

变压器支路采用三相跳闸，只要失灵保护收到失灵开入后，变压器支路还存在相电流、零序电流或负序电流，就代表断路器已失灵，所以可采用相电流、零序电流、负序电流"或门"逻辑，提高各种故障下失灵电流判别元件的灵敏度。

4. 答：

（1）先应停用母差保护，检查差电流回路的每相是否有电流。如果某一相有电流，则说明该相电流回路有断线或对地短路现象。

（2）在母差端子箱内分别检查每一分路的电流是否三相平衡，如果不平衡，则说明该分路的电流回路存在故障。

（3）将分路的一项设备停用，进行详细检查，便可查出故障原因。

5. 答：

（1）220 kV 线路死区发生故障时，母差保护动作切除所在母线，同时远跳对侧开关。

（2）220 kV 母联合位死区发生故障时，母差保护先动作，切除另一侧母线，母联跳开后死区保护延时 150 ms 动作，切除剩余母线；母联分位时，母差保护死区逻辑封母联间隔电流，死区发生故障时只切除故障母线。

（3）220 kV 主变死区发生故障时，母差保护动作切除所在母线，并向主变保护发送失灵联跳命令，主变保护判过流后延时 50 ms 跳各侧。

6. 答：

（1）双母双分段主接线需要由两套母线保护分别完成左右两条母线的保护功能。如果双母双分段的分段 CT 的两侧发生断线又接地的故障，就可能出现母线差动保护动作和电压闭锁不对应，导致两侧母线的差动保护都不能动作的情况。所以，双母双分段跳分段不经电压闭锁。

（2）对于除双母双分段外的其他主接线形式（和 3/2 接线），单套母线保护完成对整个母线的保护功能，可以得到所有母线的电压，故在出现上述问题的情况下，跳母联（分段）时采用相关的两段母线电压"或门"闭锁，可以保证保护不误动，并可以防止 CT 断线导致误跳母联（分段）。

7. 答：

不允许。此时应将母线倒为单母线方式或将母联断路器闭锁，而不能仅简单地使电压互感器二次并列运行。因为如果一次母线为双母线方式且母联断路器能够正常跳开，使用单组电压互感器且电压互感器二次并列运行，当无电压互感器母线上的线路发生故障且断路器失灵时，失灵保护将断开母联断路器。此时，非故障母线的电压恢复，尽管故障元件还在母线上，但由于复合电压闭锁的作用，将可能使得失灵保护无法动作出口。

8. 答：

母差保护运行时，需要对母线所连的所有间隔的电流信息进行采样计算。所以，若任一间隔的电流 SV 报文中品质位为无效，则会影响母差保护的计算，母线保护将闭锁差动保护。

当母线电压 SV 报文品质位与母差保护现状态不一致时，母差保护报母线电压无效，母差保护复合电压闭锁开放。

9. 答：

（1）采样数据无效时，采样值不清零。仍显示无效的采样值。

（2）某段母线电压通道数据异常不闭锁保护，但开放该段母线电压闭锁。

（3）支路电流通道数据异常，闭锁差动保护及相应支路的失灵保护，其他支路的失灵保护不受影响。

（4）母联支路电流通道数据异常，闭锁母联保护，母联所连接的两条母线自动置互联。

10. 答：

因为构成母差保护的电流互感器的励磁阻抗是电感性的，不允许励磁电流突变，在短路最初的瞬间全部一次电流传变到二次来，几乎每一电流互感器都没有误差，所以不平衡电流为零。其后直流分量流入励磁阻抗，电流互感器误差增大，不平衡电流也随之增大。当直流分量衰减后，不平衡电流减小为稳态不平衡电流。

五、二次回路

1. 答：

（1）因为任意断开一组直流电源，接地现象消失，所以直流系统可能没有接地。

（2）故障原因为第一组直流系统的正极与第二组直流系统的负极短接或相反。

（3）两组直流短接后，形成一个端电压为 440 V 的电池组，中点对地电压为零。

（4）每一组直流系统的绝缘检查装置均有一个接地点，短接后直流系统中存在两个接地点。故一组直流系统的绝缘检查装置判断为正极接地，另一组直流系统的绝缘检查装置判断为负极接地。

2. 答：

（1）当采用断路器本体防跳时，应断开 TWJ 与合闸回路的连接。否则，断路器本体的并联防跳回路与 TWJ 回路串联，将导致 TWJ 和断路器本体防跳继电器均不能正常工作。例如，当线路发生永久性故障，重合闸失败时，断路器本体防跳继电器与 TWJ 回路串联分压后的电压大于该继电器的返回电压，造成防跳继电器自保持。此时再手合断路器，会发生拒合现象，影响系统恢复送电的时间。

（2）当断开跳闸位置监视与合闸回路的连线时，TWJ 继电器直接由断路器的常闭辅助触点启动，不能监视合闸回路的完好性。但是断路器跳开以后，可以通过其他方式（如断路器的合闸操作）来验证合闸回路的完好性。

（3）线路正常运行时，断路器处于合闸位置。为确保线路发生故障时能可靠跳闸，HWJ 继电器必须能监视跳闸回路的完好性。

所以，当采用断路器本体防跳时，应断开 TWJ 与合闸回路的连接。

3. 答：

当 $C_{1M}=C_{2M}$ 时，非故障相中的故障分量电流是由 $C_{0M} \neq C_{1M}$ 产生的，两非故障相中的故障分量电流大小相等，而且相位相同。当 $C_{0M}>C_{1M}$ 时，两非故障相的故障分量电流与故障相故障分量电流同相位。当 $C_{0M}<C_{1M}$ 时，两非故障相的故障分量电流与故障相故障分量电流反相位。

4. 答：

TA 饱和必然需要历经一个过程。通常认为该过程不小于 5 ms。区外短路 5 ms 前，TA 未饱和，不产生差动电流，但产生制动电流突变量，5 ms 后再产生差动电流，判 TA 饱和；区内短路 5 ms 前，差动电流和制动电流突变量同时产生。

5. 答：

电流及电压互感器二次回路必须有一点接地，这是为了人身和二次设备的安全。如果二次回路没有接地点，接在互感器一次侧的高压将通过互感器一、二次绕组间的分布电容和二次回路的对地电容形成分压，将高压引入二次回路，其值决定于二次回路对地电容的大小。若互感器二次回路有了接地点，则二次回路对地电容将为零，从而达到保证安全的目的。

有电联系的几台（包括一台）电流互感器或电压互感器的二次回路，必须只能通过一点接于接地网。因为一个变电站的接地网并非实际的等电位面，所以在不同点间会出现电位差。当大的接地电流注入地网时，各点间可能有较大的电位差值。如果一个电连通的回路在变电站的不同点同时接地，地网上的电位差就窜入这个连通的回路，有时还造成不应有的分流。在有的情况下，可能将这个在一次系统并不存在的电压引入继电保护的检测回路中，使测量电压数值不正确，波形畸变，导致阻抗元件及方向元件不正确动作。

在电流二次回路中，如果正好在继电器电流线圈的两侧都有接地点，两接地点和地所构成的并联回路，会短路电流线圈，使通过电流线圈的电流大为减小。此外，在发生接地故障时，两接地点间的工频地电位差将在电流线圈中产生极大的额外电流。这两种原因导致的综合效果将使通过继电器线圈的电流与电流互感器二次通入的故障电流有极大差异，当然会使继电器的反应不正常。

（1）电流互感器的二次回路应有一个接地点，并在配电装置附近经端子排接地。但有几组电流互感器连接在一起的保护装置，则应在保护屏上经端子排接地。

（2）在同一变电站中，常常有几台同一电压等级的电压互感器。常用的一种二次回路接线设计是把它们所有由中性点引来的中性线引入控制室，并接到同一零相电压小母线上，然后分别向各控制、保护屏配出二次电压中性线。对于这种设计方案，在整个二次回路上，只能选择在控制室将零相电压小母线的一点接到地网。

六、智能站

1. 答：

智能终端闭锁重合闸的组合逻辑有以下两种：

（1）闭锁本套重合闸逻辑为遥合（手合）、遥跳（手跳）、TJR（GOOSE TJR 或 TJR 开入）、TJF（GOOSE TJF 或 TJF 开入）、闭锁重合闸开入（另一套闭重开入或 GOOSE 闭重开入）、本智能终端上电的"或"逻辑。遥合（手合）闭锁重合闸的意义在于由自身判断如果合于故障，就闭锁重合闸。

（2）双重化配置智能终端时，应具有输出至另一套智能终端的闭锁重合闸触点，逻辑为遥合（手合）、遥跳（手跳）、保护闭锁重合闸、TJR、TJF 的"或"逻辑。

2. 答：

如果 TV 合并单元发生故障或失电，线路保护装置收电压采样无效，闭锁与电压相关的保护（如纵联保护和距离保护）；如果线路合并单元发生故障或失电，线路保护装置接收线路电流采样无效，闭锁所有保护。

3. 答：

母差保护装置与母联智能终端之间 GOOSE 断链，母联开关 TWJ 开入为 0，将默认母联处于合位。此时，若母联开关与母联 TA 之间发生故障，考虑母联 TA 靠近 I 母侧，因 I 母无差流，所以 I 母差动不会动作；虽然 II 母有差流，但由于 II 母与故障隔离，II 母差动复合电压不开放，所以 II 母差动也不动作。此时，大差动作跳母联，之后通过母联失灵保护切除 I 段母线，II 母线继续运行。

4. 答：

对于双母线接线的母线保护，如果采用点对点连接，母差保护与每个间隔的智能终端有点对点物理连接通道（点对点 GOOSE 跳闸），因此跟间隔相关的开关量信息直接通过点对点连接的 GOOSE 传输，如线路/主变压器间隔的隔离开关、母联间隔的 TWJ/SHJ 等。而母差保护装置与线路保护装置、主变压器保护装置之间一般不设计点对点连接的物理通道，因此各间隔至母差保护的"启动失灵"通过 GOOSE 组网传输。

所有开关量信息均可通过 GOOSE 组网传输（所有信息均在网络上共享）。考虑管理、运维以及可靠性，已经有链路连接的，直接走专有点对点通道，没有相互物理连接的，走网络通道。

5. 答：

实际模拟智能终端相关 GOOSE 数据变位，若装置能收到相应的变位，则证明两者之间关联正确。若不能，可尝试检查：

（1）光纤连接是否正确。

（2）相关的压板是否投入。

（3）通过软件截取 GOOSE 报文，对其内容进行分析，查看 CID 文件是否配置错误。

（4）使用继电保护测试仪模拟开入、开出，分别对智能终端和装置进行测试，验证其行为是否正确。

6. 答：

当某一母线 TV 检修或者三相电压失去时，做以下处置：

（1）TV 检修时，如果有 TV 并列回路，保护装置可通过 TV 并列获取正常母线电压。如果没有 TV 并列回路，则需要停役该母线。

（2）当 MU 发生故障或 MU 输入端电压空气开关跳开导致运行中的保护无法采集到三相电压时，保护在电压异常时自动退出受到影响的保护功能。

（3）当 MU 发生故障，需重启时，应首先投入该 MU 的检修压板，然后断电重启保护在电压异常时自动退出相关功能。

7. 答：

（1）支路（主变、线路）开关电流 SV 无效时，闭锁大差及所在母线小差。

（2）母联开关电流 SV 无效时，发生母线区内故障，先跳开母联，延时 100ms 后选择故障母线。

（3）双母双分段接线的分段开关电流 SV 无效时，按支路（主变、线路）开关电流 SV 无效处理。

（4）母线电压互感器电压 SV 无效时，装置发异常告警，开放对应复压闭锁元件。

8. 答：

（1）保护 SCD 文件配置错误，将 A 相出口拉至 B 相出口回路。

（2）保护 SCD 文件正确，但厂家人员将配置文件中 A、B 相跳闸出口回路交叉配置。

（3）智能终端 A、B 相出口至断路器的电缆接反。

（4）合并单元 A、B 相电流内部配线交叉。

（5）合并单元至保护的电流 A、B 相虚端子交叉。

9. 答：

相同点：

（1）宜简化保护装置之间、保护装置和智能终端之间的 GOOSE 软压板。

（2）保护装置应在发送端设置 GOOSE 输出软压板。

（3）保护装置应按 MU 设置"SV 接收"软压板。

不同点：

（1）线路保护及辅助装置不设 GOOSE 接收软压板。

（2）除母线保护的启动失灵开入、母线保护和变压器保护的失灵联跳开入外，接收端不设 GOOSE 接收软压板。

10. 答：

（1）Destination MAC：01-0C-CD-04-01-44

Source MAC：52-47-51-20-26-D0

（2）网络数据类型：88BA；APP ID：0x4144；APP Length：181（00 B5）。

（3）80 01 01 标记 80，长度 =01，ASDU 数目 =01。

（4）82 02 09 A7 标记 82，长度 =02，采样序号 =09A7（十六进制）=2471。

（5）83 04 00 00 00 01 标记 83，长度 =04，配置版本号 =01。

（6）85 01 01，标记 85，长度 =01，同步状态 =01，该报文处于同步状态（00 为非同步状态）。

（7）额定延时为 500（01F4），I_{A1} 为 0x00001351=4 945（十进制），4 945×1 mA=4.945 A。

（8）品质为 00 00 00 00，均无异常。

11. 答：

（1）APP ID：0x014A；APP 长度：536。

（2）PDU 长度：524；Time Allowed To Live（TTL）：10000（ms）。

（3）StNum：27；SqNum：1364273。

（4）Entries Number：60；报文发送装置非检修。

12. 答：

在工程应用中，GOOSE 报文优先级按照由高到低的顺序定义如下：

（1）最高级：电气量保护跳闸；非电气量保护跳闸；保护闭锁信号。

（2）次高级：非电气量保护信号；遥控分合闸；断路器位置信号。

（3）普通级：隔离开关位置信号；一次设备状态信号。

13. 答：

（1）GOOSE 和 SV 报文前 3 个字节由 IEEE 分配为 01-0C-CD；第 4 个字节 GOOSE 为 01，SV 为 04；最后 2 个字节用作与设备有关的地址，建议的地址分配如下：

GOOSE 报文：01-0C-CD-01-00-00 ～ 01-0C-CD-01-01-FF

SV 报文：01-0C-CD-04-00-00 ～ 01-0C-CD-04-01-FF

（2）优先级默认值均为 4。

（3）以太网类型：

GOOSE 报文：88B8；SV 报文：88BA。

（4）APP ID：

GOOSE 报文：0000 ～ 3FFF；SV 报文：4000 ～ 7FFF。

14. 答：

合并单元具有守时功能。要求在失去同步时钟信号 10 min 以内合并单元的守时误差小于 4 μs。合并单元在失步且超出守时范围的情况下应产生数据同步无效标志。

15. 答:

无论是在组网还是在直采 GOOSE 信息模式下,间隔层 IED 订阅到的 GOOSE 开入量都带有延时,该接收到的 GOOSE 变位时刻并不能真实反映外部开关量的精确变位时刻。因此,智能终端在发布 GOOSE 信息时携带自身时标,该时标真实反映了外部开关量的变位时刻,为故障分析提供精确的 SOE 参考。

七、互感器

1. 答:

(1)图 2-5(a)中接线错误有两处,二次绕组零线和辅助绕组零线应分别独立从开关场引线至控制室后,在控制室将两根零线接在一块并可靠一点接地。对于图中接线,在一次系统发生接地故障时,开口三角 $3U_0$ 电压有部分压降落在中性线电阻上,致使微机保护的自产 $3U_0$ 因含有该部分压降而存在误差,零序方向保护可能发生误动或拒动;开口三角引出线不应装设熔断器,因为即使装了,在正常情况下,由于开口三角无压,两根引出线间发生短路,也不会熔断,起保护作用,相反,若熔断器损坏而又不能及时被发现,在发生接地故障时,$3U_0$ 不能送到控制室供保护和测量使用。

(2)图 2-5(b)中有接线错误,应将两个互感器的 K_2 端在本体处短接后,用一根导线引至保护盘经一点接地。图中接线对 TAa 来说是通过两个接地点和接地网构成回路,若出现某一点接地不良,就会出现 TA 开路现象,也增加了 TAa 的二次负载阻抗。

2. 答:

(1)点 A 动作之前,直流系统为负接地,直流系统的负极对地电位为 0 V,正极对地电位为 220 V,且电容 C 上的电位宜为 0 V。

(2)接点 A 动作,直流系统瞬间便转为正接地,正极对地电位由 220 V 转为 0 V,负极对地电位由 0 V 转为 -220 V。

(3)抗干扰电容上的电位不能突变,因此在直流系统由正接地转为负接地之后,电容 C 上的电位不能马上转变为 -220 V,并通过继电器 ZJ2 的线圈对负极放电。

继电器 ZJ2 为快速继电器,有可能在电容 C 的放电过程中动作。

3. 答:

因电压互感器的开口三角形两端正常运行时无电压,即使其回路中发生相间短路,也不会使熔断器熔断,而且熔断器的状态无法监视,若熔断器损坏而未被发现,如果是大电流接地系统,致使零序方向保护拒动,如果是小电流接地系统,将影响绝缘监察继电器的正确运行，所以一般不装熔断器。

4. 答：

电压互感器二次中性线两点接地，在系统正常运行时，三相电压对称，无零序分量，不会造成站内两点之间产生地电位差，因此不会对保护装置的测量电压及其动作行为产生影响；同理，在系统发生相间故障时，只要不是接地故障，就不会对保护装置的动作行为产生影响。

5. 答：

通过电压互感器二次侧向不带电的母线充电称为反充电。如 220 kV 电压互感器变比为 2 200，停电的一次母线未接地，虽然其阻抗（包括母线电容及绝缘电阻）较大，假定为 1 MΩ，但从电压互感器二次侧看到的阻抗只有 1 000 000/2 200² ≈ 0.2 Ω，近乎短路，故反充电电流较大（反充电电流主要决定于电缆电阻及两个电压互感器的漏抗），将造成运行中电压互感器二次侧小开关跳开或熔断器熔断，使运行中的保护装置失去电压，可能造成保护装置的误动或拒动。

6. 答：

（1）在最大短路电流情况下，折算到电流互感器二次侧的一次电流为 4 800/120=40 A。

按 10% 的误差计算，在最大短路电流情况下，电流互感器二次负荷上的电流为 40×0.9=36 A，二次负载上的电压为 36×3=108 V>90 V。因此，电流互感器实际的励磁电流会大于 4 A，不满足 10% 的误差要求。

（2）用两组电流互感器串联可以满足要求。

两组电流互感器串联后，其伏安特性在电流为 0.5 A 时，电压约为 80×2=160 V 左右，大于 108 V。按 0.5 A 的励磁电流计算，其误差为 0.5/40=0.012 5=1.25%。实际误差应小于 1.25%。

7. 答：

母线保护应接在专用 TA 二次回路中。且要求在该回路中不接入其他设备的保护装置或测量表计。TA 的测量精度要高，暂态特性及抗饱和能力强。母线 TA 在电气上的安装位置应尽量靠近线路或变压器一侧，使母线保护与线路保护或变压器保护有重叠保护区。

8. 答：

（1）测量的功率方向应与实时潮流的功率方向一致。

（2）在电流互感器极性靠近母线侧为极性端情况下，用负荷电流测试极性时，若有功潮流流出母线，电流超前电压范围应为 -90°～90°，若有功潮流流进母线，电流超前电压范围应为 90°～270°。

（3）在电流互感器极性靠近母线侧为极性端情况下，用负荷电流测试极性时，若无功潮流流出母线，电流超前电压范围应为 180°～360°，若无功潮流流进母线，电流超前电压范围应为 0°～180°。

9. 答：

如果电流互感器二次负载阻抗增加得很多，超出了所允许的二次负载阻抗，励磁电流的数值就会大大增大，使铁芯进入饱和状态。在这种情况下，一次电流的很大一部分用来提供励磁电流，从而使互感器的误差大为增大，其准确度就随之下降了。

10. 答：

（1）适当增大 CT 变比。

（2）将两组同型号 CT 二次串联使用。

（3）减少 CT 二次回路负载。

（4）在满足灵敏度要求的前提下，适当增大动作电流。

（5）对新型差动继电器可提高比率制动系数。

八、安自装置

1. 答：

（1）应保证在工作电源或设备断开后，才投入备用电源或设备。

（2）工作电源或设备上的电压，不论因何消失时，自动投入装置均应动作。

（3）自动投入装置应保证只动作一次。

2. 答：

（1）操作箱的防跳功能大多数采用串联于跳闸回路的电流继电器启动方式，称为"串联防跳"；断路器操作机构的防跳功能大多数采用并联于跳闸回路的电压继电器启动的方式，称为"并联防跳"。

（2）远方操作时，采用"串联防跳"，也可以采用"并联防跳"；就地操作时，只能采用"并联防跳"。"串联防跳"和"并联防跳"不能同时使用。若两种防跳同时使用，则在断路器处于合闸位置时可能造成跳闸位置继电器误启动。

（3）断路器厂家要求采用断路器本体防跳，以保证断路器在远方操作和就地操作时均有防跳功能，可以更好地保护断路器，所以"六统一"设计规范推荐优先采用断路器本体防跳。考虑到原有部分断路器不满足本体防跳的要求，操作箱内也设有防跳功能，但应能够方便地取消。无论是否采用操作箱的防跳功能，均应采用操作箱跳合闸保持功能。

（4）不论采用何种防跳功能，在远方操作和就地操作时都不能失去防跳功能。同时，一次设备故障发生时，均要能可靠跳闸。

3. 答：

（1）控制电源未给。

（2）智能终端检修压板与保护装置检修压板不一致。

（3）智能终端出口压板未投。

（4）保护装置出口压板未投。

（5）保护装置到智能终端的直跳光纤损坏。

4. 答：

（1）工作电源和备用电源工作正常，均符合有压条件。

（2）工作断路器和备用断路器位置正常，即工作断路器合位，备用断路器跳位。

（3）无放电条件。

5. 答：

（1）与保护回路有关的辅助触点的开闭情况或这些触点的切换时间。

（2）与保护回路相连回路绝缘电阻。

（3）断路器最低跳、合闸电压（$>30\%U_e$，$<65\%U_e$）。

（4）断路器跳闸及辅助合闸线圈的电阻及在额定电压下的跳合闸电流。

（5）断路器的跳、合闸时间及合闸时三相触头不同时闭合的最大时间差。

九、规程、规范

1. 答：传输远方跳闸信号的通道在新安装或更换设备后应测试其通道传输时间。

采用允许式信号的纵联保护，除了测试通道传输时间，还应测试"允许跳闸"信号的返回时间。

2. 答：在变压器低压侧未配置母差和失灵保护的情况下，为提高切除变压器低压侧母线故障的可靠性，宜在变压器的低压侧设置取自不同电流回路的两套电流保护。当短路电流大于变压器热稳定电流时，变压器保护切除故障的时间不宜大于 2 s。

3. 答：

（1）检查并记录压板等的实际位置，特别要注意断开启动失灵保护压板，并且需要将其上端用绝缘胶布缠绕，以防误投该压板。

（2）断开保护屏上的 TA 回路，要断开 IA、IB、IC 的可连端子。

（3）断开保护屏上的 TV 回路，要断开 UA、UB、UC、UL、UN 的空开或可连端子，优先断开可连端子。

（4）电压切换回路应可靠断开，以防止检验过程中造成 TV 短路。

4. 答：

（1）3/2 接线的边断路器失灵后通过母线保护出口回路跳闸的开入。

（2）双母接线的母线故障变压器断路器失灵，通过变压器保护跳其他电源侧的开入。

（3）变压器非电量保护的直跳开入。

（4）3/2 接线的边断路器失灵后通过变压器保护出口回路跳其他电源侧的开入。

（5）3/2 接线或双母线接线线路远方跳闸保护。

5. 答：

（1）两套保护装置的交流电压、交流电流应分别取自电压互感器和电流互感器互相独立的绕组。其保护范围应交叉重叠，避免死区。

（2）两套保护装置的直流电源应取自不同蓄电池组供电的直流母线段。

（3）两套保护装置的跳闸回路应分别作用于断路器的两个跳闸线圈。

（4）两套保护装置与其他保护、设备配合的回路应遵循相互独立的原则。

（5）两套保护装置之间不应有电气联系。

（6）线路纵联保护的通道（含光纤、微波、载波等通道及加工设备和供电电源等）、远方跳闸及就地判别装置应遵循相互独立的原则，按双重化配置。

6. 答：

（1）配置双重化的线路纵联保护，每套纵联保护包含完整的主保护、后备保护以及重合闸功能。

（2）当系统需要配置过电压保护时，配置双重化的过电压及远方跳闸保护。过电压保护应集成在远方跳闸保护装置中，远方跳闸保护采用一取一经就地判别方式。

（3）配置分相操作箱及电压切换箱。

7. 答：

（1）当保护采用双重化配置时，其电压切换箱（回路）隔离开关辅助触点应采用单位置输入方式。原因：双重化配置的保护配置独立的操作箱，一套电压切换故障不影响另一套保护运行，且可防止正负母闸刀辅助接点同时闭合时可能出现的二次反充电。

（2）单套配置保护的电压切换箱（回路）隔离开关辅助触点应采用双位置输入方式。单套配置用双位置，考虑电压切换的可靠性，防止辅助接点接触不良导致交流电压失去后保护退出影响设备运行。

8. 答：

（1）对于按近后备原则双重化配置的保护装置，每套保护装置应由不同的电源供电，并分别设有专用的直流空气开关。

（2）母线保护、变压器差动保护、发电机差动保护、各种双断路器接线方式的线路保护等保护装置与每一断路器的控制回路应分别由专用的直流空气开关供电。

（3）有两组跳闸线圈的断路器的每一跳闸回路应分别由专用的直流空气开关供电，且跳闸回路控制电源应与对应保护装置电源取自同一直流母线段。

（4）单套配置的断路器失灵保护动作后，应同时作用于断路器的两个跳闸线圈。

（5）直流空气开关的额定工作电流应按最大动态负荷电流（保护三相同时动作、跳闸和收发信机在满功率发信的状态下）的2.0倍选用。

9. 答：对电缆直跳回路的要求如下：

（1）对于可能导致多个断路器同时跳闸的直跳开入，应采取措施防止直跳开入的保护误动作。例如，在开入回路中装设大功率抗干扰继电器，或者采取软件防误措施。

（2）大功率抗干扰继电器的启动功率应大于5 W，动作电压在额定直流电源电压的55%～70%范围内，额定直流电源电压下动作时间为10～35 ms，应具有抗220 V工频电压干扰的能力。

（3）当传输距离较远时，可采用光纤传输跳闸信号。

10. 答：

（1）封面及标题。

（2）工作任务（任务名称、工作内容、被保护设备、保护型号、工作日期等）。

（3）工作前准备（应包括现场工作所使用的图纸、资料正确性的核对）。

（4）工器具及材料表。

（5）工作人员及分工。

（6）工作时间。

（7）危险点分析及安全控制措施的执行。

（8）现场工作内容和记录（具体的保护装置、回路作业项目的细化流程、方法、标准、作业结果记录等）。

（9）工作验收记录（检验中发现的问题及其处理情况、安全控制措施恢复情况、检验结论、带负荷检查情况等）。

（10）资料归档。

11. 答：

（1）误跳运行开关。

（2）电压二次回路短路、接地或误向运行电压二次回路反充电。

（3）二次接线拆动时，有可能造成二次交、直流电压回路短路、接地。

（4）旧屏及二次回路拆除时影响其他装置运行。

（5）定值误整定。

（6）二次安全措施恢复不当。

12. 答：

谨慎使用电阻挡位。尤其是在不明确两点电位差的回路中，若不慎使用电阻挡位，将造成回路导通，导致交直流失电、开关跳闸、误跳带电运行间隔。

13. 答：

（1）工作中禁止将电流回路的永久接地点断开。

（2）电流回路短接应使用专用短路片或专用短路线，禁止使用导线缠绕。

（3）短接电流回路应在 CT 端子排电源侧短接，若电源侧不便使用短接工器具，亦可在负荷侧进行短接。

（4）工作时，必须有专人监护，使用绝缘工具。

14. 答：

（1）误跳运行开关。

（2）电压二次回路短路、接地或误向运行电压二次回路反充电。

（3）二次安全措施恢复不当。

15. 答：

（1）误跳运行开关。

（2）配置参数错误。

（3）插件、光纤损坏。

（4）定值误整定。

（5）运行设备闭锁。

（6）保护误动或拒动。

十、安规

1. 答：

（1）正确组织工作。

（2）检查工作票所列安全措施是否正确、完备，是否符合现场实际条件，必要时予以补充。

（3）工作前，对工作班成员进行工作任务、安全措施、技术措施交底和危险点告知，并确认每个工作班成员都已签名。

（4）严格执行工作票所列安全措施。

（5）监督工作班成员遵守相关规程，正确使用劳动防护用品和安全工器具以及执行现场安全措施。

（6）关注工作班成员身体状况和精神状态是否出现异常迹象，人员变动是否合适。

2. 答：

若断路器（开关）遮断容量不够，则应用墙或金属板将操动机构（操作机构）与该断路器（开关）隔开，应进行远方操作，应停用重合闸装置。

3. 答：

紧急救护的基本原则是在现场采取积极措施，保护伤员的生命，减轻伤情，减少痛苦，并根据伤情需要，迅速与医疗急救中心（医疗部门）联系救治。

4. 答：

在原工作票的停电及安全措施范围内增加工作任务，应由工作负责人征得工作票签发人和工作许可人同意，并在工作票上增填工作项目。

5. 答：

（1）熟悉工作内容、工作流程，掌握安全措施，明确工作中的危险点，并在工作票上履行交底签名确认手续。

（2）服从工作负责人（监护人）、专责监护人的指挥，严格遵守相关规程和劳动纪律，在确定的作业范围内工作，对自己在工作中的行为负责，互相关心工作安全。

（3）正确使用施工器具、安全工器具和劳动防护用品。

6. 答：

非特殊情况下不得变更工作负责人。如确需变更工作负责人，应由工作票签发人同意并通知工作许可人，工作许可人将变动情况记录在工作票上。工作负责人允许变更一次。原、现工作负责人应对工作任务和安全措施进行交接。

7. 答：

工作票签发人的安全责任：

（1）确认工作必要性和安全性。

（2）确认工作票上所填安全措施是否正确、完备。

（3）确认所派工作负责人和工作班成员是否适当和充足

8. 答：

现场工作人员都应定期接受培训，学会紧急救护法，会正确解脱电源，会心肺复苏法，会止血、包扎、固定，会转移、搬运伤员，会处理急救外伤或中毒等。

9. 答：

烈日直射头部、环境温度过高、饮水过少或出汗过多等可以引起中暑现象，其症状一般为恶心、呕吐、胸闷、眩晕、嗜睡、虚脱，严重时抽搐、惊厥甚至昏迷。

发现高温中暑，应立即将病员从高温或日晒环境转移到阴凉、通风处休息，用冷水擦浴、湿毛巾覆盖身体、电扇吹风或在头部放置冰袋等方法降温，并及时给病员口服盐水。将严重者送医院治疗。

10. 答：

工作负责人应先周密地检查，待全体作业人员撤离工作地点后，再向运维人员交代所修项目、发现的问题、试验结果等，并与运维人员共同检查设备状况，检查有无遗留物件、是否清洁等，然后在工作票上填明工作结束时间。双方签名后，表示工作终结。

第三节　面试答辩题

1. 答题要点：

（1）监视断路器合闸回路的跳闸位置继电器及监视断路器跳闸回路的合闸位置继电器。

（2）防止断路器跳跃继电器。

（3）手动合闸继电器。

（4）压力监察或闭锁继电器。

（5）手动跳闸继电器及保护三相跳闸继电器。

（6）一次重合闸脉冲回路（重合闸继电器）。

（7）辅助中间继电器。

(8) 跳闸信号继电器及备用信号继电器。

2. 答题要点：

（1）当保护采用双重化配置时，其电压切换箱（回路）隔离开关辅助触点应采用单位置输入方式。原因：双重化配置的保护配置独立的操作箱，一套电压切换故障不影响另一套保护运行，且可防止正负母闸刀辅助接点同时闭合时可能出现的二次反充电。

（2）单套配置保护的电压切换箱（回路）隔离开关辅助触点应采用双位置输入方式。单套配置用双位置，考虑电压切换的可靠性，防止辅助接点接触不良导致交流电压失去后保护退出影响设备运行。

3. 答题要点：

（1）控制电源未给。

（2）智能终端检修压板与保护装置检修压板不一致。

（3）智能终端出口压板未投。

（4）保护装置出口压板未投。

（5）保护装置到智能终端的直跳光纤损坏。

4. 答题要点：

在稳态情况下，GOOSE 服务器将稳定地以 T_0 时间间隔循环发送 GOOSE 报文；当有事件变化时，GOOSE 服务器立即发送事件变化报文，T_0 时间间隔将被缩短；在变化事件发送完成一次后，GOOSE 服务器将以最短时间间隔 T_1，快速重传两次变化报文；在三次快速传输完成后，GOOSE 服务器将以 T_2、T_3 时间间隔各传输一次变位报文；最后 GOOSE 服务器又将进入稳态传输过程，以 T0 时间间隔循环发送 GOOSE 报文。

5. 答题要点：

（1）与保护回路有关的辅助触点的开闭情况或这些触点的切换时间。

（2）与保护回路相连回路绝缘电阻。

（3）断路器最低跳、合闸电压（$> 30\%U_e$，$< 65\%U_e$）。

（4）断路器跳闸及辅助合闸线圈的电阻及在额定电压下的跳合闸电流。

（5）断路器的跳、合闸时间及合闸时三相触头不同时闭合的最大时间差。

6. 答题要点：

（1）零序电流的大小与接地故障的类型有关。

（2）零序电流的大小不但与零序阻抗有关，而且与正、负序阻抗有关。既要考虑零序阻抗，也要考虑机组开得多少。

（3）零序电流的大小与保护背后系统和对端系统中性点接地的变压器多少密切相关。

（4）零序电流的大小与短路点的远近有关。

（5）零序电流的大小与双回线或环网的分流作用及互感影响有关。

7. 答题要点：

（1）带负荷测相位和测差压（差流），以检查电流回路接线的正确性。

（2）变压器充电时，退出差动保护。

（3）带负荷前将差动保护停用，测量各侧各相电流的有效值和相位。

（4）变压器测各相差压、差流。

（5）冲击五次，以检查躲涌流能力。

8. 答题要点：

纵差保护主要反应变压器绕组、引线的相间短路，以及大电流接地系统侧的绕组、引出线的接地短路。

瓦斯保护主要反应变压器绕组匝间短路及油面降低、铁芯过热等本体内的任何故障。

9. 答题要点：

（1）断路器控制开关位置与断路器位置不对应启动方式。

（2）保护启动方式。

10. 答题要点：

开口杯（双浮球）、挡板（下浮球）、干簧管接点、二次接线柱、放气阀、探针、壳体。油面下降或者内部发生轻微故障，产生少量气体，开口杯动作于轻瓦斯；内部发生严重故障，产生大量气体，本体油流向油枕，挡板动作于跳闸。

11. 答题要点：

（1）在输电线路的对端断路器发生一相断线或两相断线的情况下，如果采用母线PT，零序方向继电器的动作行为与正方向短路时的动作行为完全相同，如果采用线路PT，零序方向继电器的动作行为与反方向短路时的动作行为完全相同。

（2）在输电线路两端断路器都单相跳闸的两端非全相运行的情况下，如果采用母线PT，零序方向继电器的动作行为与正方向短路时的动作行为完全相同，如果采用线路PT，零序方向继电器的动作行为与系统参数有关，零序正方向的方向继电器可能动作，也可能不动作。

12. 答题要点：

（1）故障点的过渡电阻。

（2）保护安装处与故障点之间的助增电流和汲出电流。

（3）测量互感器的误差。

（4）电力系统振荡。

（5）电压二次回路断线。

（6）被保护线路的串补电容。

13. 答题要点：

通道衰耗大，通道延时不一致，穿越性故障 CT 特性不一致，两侧 CT 变比定值与实际值不一致，CT 二次接线，存在极性错误，装置采样回路存在问题。

14. 答题要点：

手跳、手合于故障、失灵跳闸、压力降低、远跳、多相或多段故障、母差跳闸不允许重合、停用重合闸硬压板投入等。